全国高职高专计算机系列精品教材

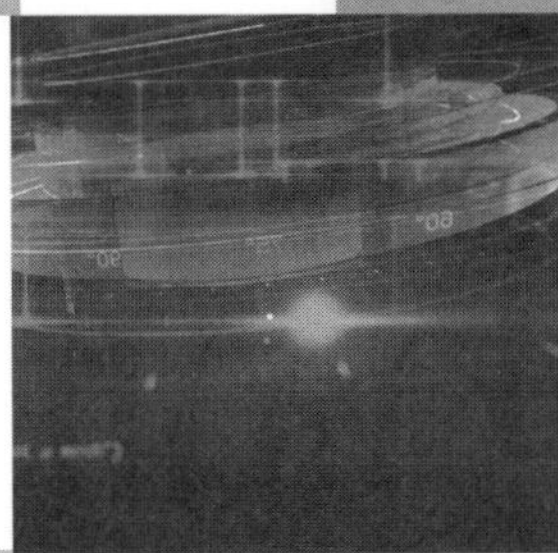

Java Web 应用程序设计立体化教程

JAVA WEB
YINGYONG CHENGXU
SHEJI LITIHUA
JIAOCHENG

主　编◎李芳玲　蔡　霖　李　林
副主编◎王同娟　仝素梅　郭　娟　边振兴
参　编◎蔡媛媛　张　远　程　灿

中国人民大学出版社
·北京·

前　言

Java是Sun公司（现在隶属于Oracle公司）推出的能够跨越多平台的、可移植性最高的一种面向对象的编程语言，而JSP技术是基于Java的Web开发技术，可以无缝地运行在UNIX、Linux、Windows等操作系统平台上，是热门的动态Web应用开发技术，它充分继承了Java的众多优势，包括高效的性能以及强大的可扩展能力等。特别是在Web应用程序开发领域，结合Servlet和JavaBean技术，Java Web开发具有显著的技术优势。

本书在内容安排上，充分体现了先进性、科学性和实用性，尽可能选取最新、最流行的开发技术，并依照学生的认知规律，通过知识点实例、综合案例及企业可实施项目，由易到难、循序渐进，帮助学生理解知识并掌握Web开发技能。本书在教学过程中采用理实一体化教学模式，以实践应用为主，以理论够用为度，借鉴工作手册式教材编写理念，为学习者提供了丰富的参数列表、具体的操作步骤、有针对性的实训题目及可供查询的网络资源等，引导学习者开展自主探究，也为教师开展分层教学、个性化教学提供了资源储备和扩展空间。

在教材形式上，本书利用云平台等现代信息技术手段实现立体化的资源共享，除了提供重要知识和技能点视频讲解之外，还提供了教案、教学课件、例题源码、课后习题等配套教学资源，方便教学与实践。

本书第1、3章由李芳玲、郭娟编写，第2章由仝素梅编写，第4～6章由蔡霖、蔡媛媛编写，第7～8章由李林、王同娟编写，全书由李芳玲、边振兴统稿。为了确保教材的通俗易懂和实用性，本书编写得到了深圳市布雷泽科技有限公司技术总监的项目指导，邀请了软件工程学院部分大二学生参与试读与试操作，张远、程灿等参与了图表绘制、课件制作、习题、教案整理等工作，在此表示衷心的感谢！

尽管我们尽了最大的努力，但由于水平有限，书中难免会有不妥之处，恳请读者批评指正。

编　者

2021年1月

目　录

第1章

Java Web 应用概述

❑ 学习目标

- 理解 Web 应用程序的工作原理，能够区分静态网站和动态网站。
- 了解 C/S 和 B/S 结构、Web 应用的发展历程及 Web 应用开发技术。
- 了解 Java Web 应用程序的组成及开发模式。
- 学会 Java Web 开发环境搭建。
- 掌握创建、部署并运行一个 Java Web 应用程序的方法。

第一节　认识 Web 应用

一个 Web 应用（Web Application）通常是指响应用户请求而生成的一些 Web 页面。一个网站由大量的页面组成，每个页面通常由一个或多个文件组成。组成一个网站的大量文件之间必须通过特定的方式连接在一起，并且需要一个系统来管理这些文件。

一、Web 应用程序的工作原理

Web 应用程序大体可以分为两种，即静态网站和动态网站。最早的 Web 应用主要是静态网站，通常使用 HTML 语言编写，放在 Web 服务器上，用户使用浏览器输入网址，对应服务器接收到浏览器发送的请求之后，查找相应文件、加载并执行，最后将执行结果发送给客户端浏览器，显示给用户。静态网站的工作流程如图 1-1 所示。

Web 应用程序的工作原理

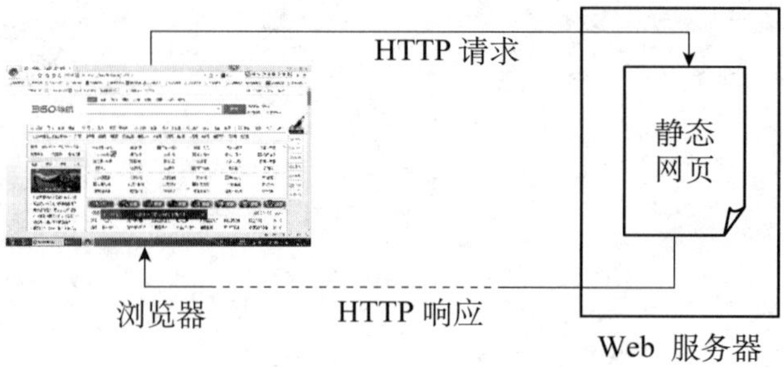

图 1-1　静态网站的工作流程

随着网络的发展，很多线下业务开始向网上发展，基于 Internet 的 Web 应用也变得越来越复杂，用户访问的资源已不能仅仅局限于服务器上保存的静态网页，更多的内容需要根据用户的请求动态生成页面信息，即动态网页。动态网站一般使用 HTML 和动态脚本语言（如 JSP、ASP 或 PHP 等）编写，并将编写后的程序部署至 Web 服务器上，由 Web 服务器对动态脚本代码进行处理，转化为浏览器可以解析的 HTML 代码，返回给客户端浏览器，显示给用户。动态网站的工作流程如图 1-2 所示。

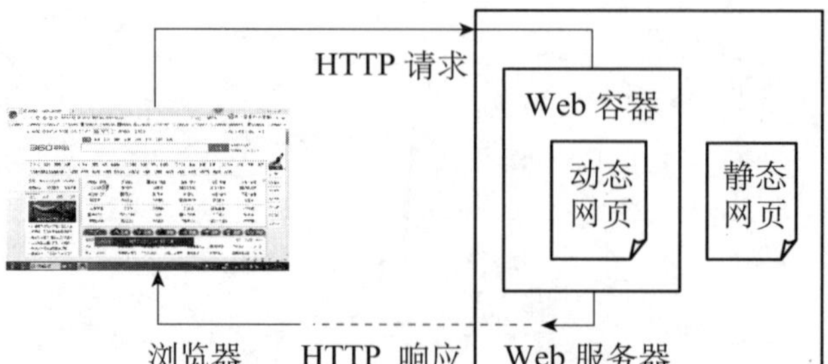

图 1-2　动态网站的工作流程

二、C/S 与 B/S 结构

C/S（Client/Server），即客户端 / 服务器结构。在这种结构下，编程人员需要分别写服务器端程序和客户端程序，应用于服务器和客户机。服务器端程序负责管理和维护数据资源，并接受客户机的服务请求，向客户机提供所需的数据或服务。客户机安装客户端程序后，也能接受用户请求，具备大量处理功能，因此称为"胖客户端"。C/S 开发模式能够充分利用两端硬件环境的优势，将任务合理分配到服务器和客户端，从而降低了系统的通信开销。在 2000 年以前，C/S 开发模式占网络程序开发的主流。

C/S 和 B/S 结构

B/S（Browser/Server），即浏览器 / 服务器结构。在这种结构下，客户端不需要开发任何应用程序，而统一采用如 IE、火狐等浏览器，通过浏览器向 Web 服务器发送请求，这样的客户端因此也称为"瘦客户端"。Web 服务器是安装了 Web 服务软件的计算机，能够处理客户端发过来的 Web 请求，并将处理结果返回给客户端。

C/S 结构通常建立在局域网基础上，而 B/S 结构建立在广域网基础上。虽然 B/S 结构在电子商务、电子政务等方面得到了广泛的应用，但并不是说 C/S 结构没有存在的必要。下面对 B/S 结构和 C/S 结构进行比较，见表 1-1。

表 1-1　B/S 结构与 C/S 结构的比较

	B/S 结构	C/S 结构
客户端	不需要专门的客户端	需要专门的客户端
可维护性	方便，只需要更新服务器端程序	需要更新客户端和服务器端的程序
速度	慢，大部分功能在服务器端完成	快，大部分功能在本地执行
美观性	一般，采用的是通用的客户端	可以自由设计，比较美观
方便性	不需要安装客户端程序	需要安装专门的客户端程序

三、Web 应用的发展历程

自从 1990 年英国计算机科学家蒂姆・伯纳斯－李（Tim Berners-Lee）发明了 World Wide Web 并成功通过 Internet 实现了 HTTP 代理与服务器的第一次通信以来，Web 应用的发展主要经历了三个阶段：Web 1.0 阶段、Web 2.0 阶段及 Web 3.0 阶段。

1．Web 1.0 阶段

网络是信息的提供者，通过静态网页把信息单向提供给用户。用户通过客户端的 Web 浏览器可以访问 Internet 上各个 Web 站点，而在每个 Web 站点上，保存着提前编写好的 HTML 格式的 Web 页面和 Web 之间可以实现跳转的超文本链接。这时的 Web 页面只能包括单纯的文本信息，用户也只能阅读，不能交流，实现了信息的分享。

2．Web 2.0 阶段

网络成为平台，更注重用户的交流。用户既是网站内容的浏览者，也是网站内容的制造者。因此，Web 2.0 是以用户为核心的互联网，随着 P2P、Blog、Ajax 及 XML 等技术的快速发展，促进了网络用户的信息交换和协同合作。

3．Web 3.0 阶段

在这个阶段，网络已经成为用户需求理解者和提供者，网络对用户了如指掌，知道用户的行为习惯和需求，能够进行资源筛选、智能匹配，进而直接给用户提供解决方案。Web 3.0 是互联网价值重新分配的必然趋势，体现了用户网络互动及个性化体验的互联网技术的完善。

四、Web 应用开发技术

在开发 Web 应用程序时，通常需要应用客户端和服务器端两方面的技术。客户端应用技术主要用于接收与返回用户信息展现内容，服务器端应用技术主要用于业务逻辑的处理、与数据库的交互及内部控制等。下面分别介绍比较常用的应用技术。

Web 应用开发技术

（一）客户端应用技术

目前，比较常用的客户端应用技术包括 HTML（Hypertext Markup Language）、CSS（Cascading Style Sheet）样式和 JavaScript 等。其中，HTML 即超文本标记语言，是用于描述网页文档的一种标记语言，主要用来显示网页信息，不需要编译，由浏览器解释执行。CSS 样式也称为层叠样式表技术，可以有效地对网页进行布局并精确控制字体、颜色和背景等效果，不仅可以美化页面，而且能优化网页速度。JavaScript 是客户端脚本技术，通过脚本语言以编程方式对页面元素进行控制，增加页面的灵活性，并且浏览器可以解释执行。

（二）服务器端应用技术

1．ASP

ASP（Active Server Pages）是微软公司开发的一种动态网站开发技术，类似 HTML、Script（脚本）与 CGI（公用网关接口）的结合体。ASP 允许用户在网页代码中嵌入 VBScript 或 JavaScript 脚本语言来生成动态的内容，Web 服务器必须安装适当的解释器后，才可以解释执行脚本程序，然后将执行结果与静态内容结合起来，以 HTML 格式传送到客户端浏览器。对于一些复杂的操作，ASP 还可以调用后台的 ActiveX 控件来无限扩充其能力。ASP 技术有很多优点，简单易学，但是它基本上局限于微软公司的操作系统平台，很难在跨平台 Web 服务器上工作。

2．PHP

PHP 最早是 Personal Home Page 的缩写，后来理解为超文本预处理器，是一种通用开源脚本语言。PHP 语言风格与 C 语言类似，又混合了 Java、Perl 以及 PHP 自创的语法，比较容易学习。PHP 也是一种 HTML 内嵌式语言，在服务器端执行，具有非常强大的功能和较高的效率，还提供了标准的数据库接口，数据库连接方便，兼容性好、扩展性强。PHP 能够被多个平台支持，广泛应用于 UNIX/Linux 平台，代码对外开放，被许多网站编程人员运用。

3．JSP

JSP（Java Server Pages）是由 Sun 公司（现已被 Oracle 公司收购）推出的服务器端开发技术。JSP 技术是在传统网页 HTML 文件中插入 Java 代码，从而形成 JSP 文件。JSP 以 Java 为基础，沿用了 Java 强大的 API 功能。JSP 页面中的 HTML 代码用来显示静态内容，嵌入的 Java 代码与 JSP 标记用来生成动态的内容。Web 服务器在遇到访问 JSP 页面的请求时，首先执行其中的 Java 程序段，然后将执行结果连同 JSP 文件中的 HTML 代码一起返回给客户，实现动态网页所需要的功能。JSP 可以被预编译，提高运行速度，并且 JSP 应用程序经一次编译后，便可随时随地运行。

第二节　Java Web 应用

一、Java Web 与 Java 的关系

Java 平台分成如下 3 个版本：

（1）Java SE：标准版，主要用于桌面应用的开发，也是其他版本的基础。

（2）Java EE：企业版，主要用于企业级应用的开发。

（3）Java ME：微版本或称为嵌入式版本，占用内存较少，主要用于嵌入式应用的开发。

Java EE 采用分层思想进行应用程序架构，一般分为 3 层（表现层、业务逻辑层和数据访问层）或 4 层（表现层、控制层、业务逻辑层和持久层），以提高软件开发效率。

Java Web 应用开发主要涉及表现层（JSP 技术、jQuery 技术）、控制层（Servlet 技术）、业务逻辑层（JavaBean 技术）和数据访问层（JDBC 技术），除了学习 JSP 语法和常用对象之外，还要熟练运用 Java 语言编程实现业务逻辑和控制功能等。

二、Java Web 应用程序

Java Web 应用程序就是采用 Java 语言编写的 Web 应用程序，通过互联网能够让 Web 浏览器和服务器进行通信。Java Web 应用程序由一组 JSP 页面、Servlet、JavaBean 以及其他可以绑定的资源构成，可以在实现 Servlet 规范的 Web 容器中运行。Java Web 应用程序的组成如图 1-3 所示。

Java Web 应用程序组成

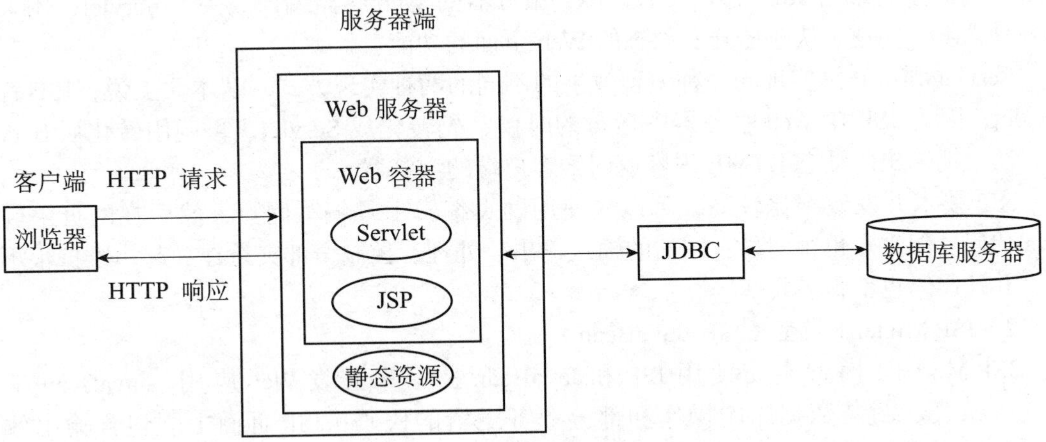

图 1-3　Java Web 应用程序的组成

服务器端有 Web 服务器，用于处理从客户端浏览器发出的请求。Web 容器主要是给应用程序组件提供环境，使得 Web 服务器可以运行 JSP 和 Servlet。我们将选择 Tomcat 软件作为 Web 容器。Java Web 容器的运行还需要 Java 语言开发工具包（Java Development Kit，JDK) 的支持，JDK 中包含了 Java 编译器、Java 核心类库及 Java 运行环境（Java Runtime Environment，JRE）。在 Tomcat 和 JDK 的软件环境支持下，一个 Java Web 应用程序的具体执行过程如下：

第一步，客户端向 Web 服务器发起 HTTP 请求。

第二步，Web 服务器接收客户端发来的请求，根据请求的类型确定处理的对象。如果请求的是静态资源，则 Web 服务器直接处理；如果请求的是 Servlet 或 JSP，则转交给 Web 容器，Web 容器根据 Servlet 的配置文件（web.xml）确定调用的具体 Servlet 类，并把请求（request）对象传给该 Servlet 类。

第三步，Servlet 处理完请求后，把要返回的信息放入响应（response）对象通过 Web 服务器返回客户端。这时 Web 容器把控制权返回给 Web 服务器。

这样，基于 HTTP 请求—响应模型的 Java Web 应用程序执行完成。

三、Java Web 应用开发模式

Java 实现 Web 编程的第一代技术和第二代技术分别是 Servlet 和 JSP。随着 Web 应用的复杂度增大，Sun 公司推广 Java Web 开发的时候，提出了两个不同的开发架构模型，又称为 JSP Model 1 和 JSP Model 2。而 JSP Model 2 就是简单的 MVC 架构模型。下面对 Servlet 与 JSP 技术、几种开发架构模型进行简要介绍。

Java Web 应用开发模式

1. Servlet 与 JSP 技术

Servlet 是 Java 技术中最早的 Web 解决方案，它与普通 Java 类的编写非常类似。使用 Servlet 技术，页面中的所有信息需要通过输出语句来生成，这是一件烦琐的事情。如果采用 HTML 语言直接生成相同功能的界面，就非常简单。因此，Java 推出了 JSP 技术，可以有效地解决 Servlet 生成页面比较困难的问题。

JSP 技术是 Servlet 更高级的扩展，通过 JSP 可以让开发人员把普通的 Java 代码嵌入 HTML 页面中，最终 JSP 文件会通过 Web 服务器的 Web 容器编译成一个 Servlet，用来处理各种请求，实现了快速地开发动态的 Web 页面的功能。

Servlet 和 JSP 是实现同一种编程效果的不同的两种实现方式。从本质上说，JSP 就是 Servlet，因为 JSP 在 Web 服务器中运行的时候，先转化成 Servlet，再调用转化后 Servlet 的方法，把输出的动态 HTML 内容返回给客户端的浏览器。

JSP 技术开发效率比较高，可以先使用网页编辑工具编写网页，然后在网页中嵌入 Java 代码。但缺点也很明显：网站的输入输出、处理、控制全部夹杂在一起，维护很不方便，并且代码也不容易共享。

2. JSP Model 1 模型（JSP+JavaBean）

JSP Model 1 模型主要使用 JSP 和 JavaBean 技术来开发 Web 应用。JavaBean 是特殊的 Java 类，封装数据库的操作和部分业务逻辑的代码；JSP 页面中既包含输出效果的 HTML、CSS 代码，也包含表示业务逻辑的 Java 代码。这种架构模型非常适合小型

Web 项目的快速开发，对 Java Web 开发人员的技术水平要求也不高；缺点是 Java 代码和 HTML 糅合在一起，不利于 Java 程序员和前台美工人员分工合作，项目后期维护也会造成很大的困难。

3．JSP Model 2 模型（MVC 架构模型）

为了解决 JSP Model 1 的弊端，把 JSP 页面中的 Java 代码取出来，放到 Servlet、JavaBean 等 Java 文件中，专门由 Java 程序员单独开发维护，JSP 页面就变得很“干净”，美工人员只负责显示。JSP Model 2 模型使用了三种技术：JSP、Servlet 和 JavaBean。其中，JSP 技术负责数据的最终显示，Servlet 技术用来处理各种请求的分派，JavaBean 技术主要负责对数据库的操作等业务逻辑。

第三节　Java Web 运行环境

一、运行环境简介

在进行 Java Web 应用开发前，需要将整个开发环境搭建好。通过前面对 Web 应用运行过程的学习，我们已经知道 Web 应用的运行需要 Web 服务器和 Java 语言开发工具包（JDK）的支持，同时为了高效率地进行软件开发，还需要安装 Java Web 的集成开发环境（Integrated Development Environment，IDE）。

Java Web 服务器主要是与 Servlet、JSP 兼容的 Web 应用的容器，比较常用的有 Tomcat、JBoss、Resin、WebSphere 和 WebLogic 等。本书选择小型轻量级的 Tomcat 7.0 作为 Web 服务器，它性能稳定、扩展性好、源码开放，是初学 Java Web 开发和中小企业应用的最佳选择。

Java Web 应用服务器在管理运行 JSP 程序时需要编译 Java 源文件、加载并执行 Java 文件，需要 JDK 的支持。所以搭建 Java Web 开发环境必须先安装好 JDK，本书选择 JDK 7.0 版本，与 Tomcat 7.0 能较好地兼容。

Java Web 集成开发环境有 Eclipse、MyEclipse、NetBeans 等。Eclipse 是一个开放的开发平台，需要安装 Eclipse 插件，才能进行 Java Web 开发。MyEclipse 是在 Eclipse 基础上增加自己的插件开发而成的功能强大的企业级集成开发环境，支持十分广泛，本书选择 MyEclipse 9.0 作为开发环境。

二、JDK 的安装与配置

JDK 可以在 Oracle 公司的官方网站（https://www.oracle.com/java/technologies/javase/javase7-archive-downloads.html）下载，进入下载页面后，选择适合自己操作系统平台的安装文件。

1．下载并安装 JDK

下载了 Windows 操作系统的 JDK 安装文件，文件名为 jdk-7u80-windows-x64.exe，就可以双击安装文件进行安装了，步骤如下：

（1）双击下载的安装文件后，将弹出如图 1-4 所示的“安装程序”对话框，单击“下一步”按钮。

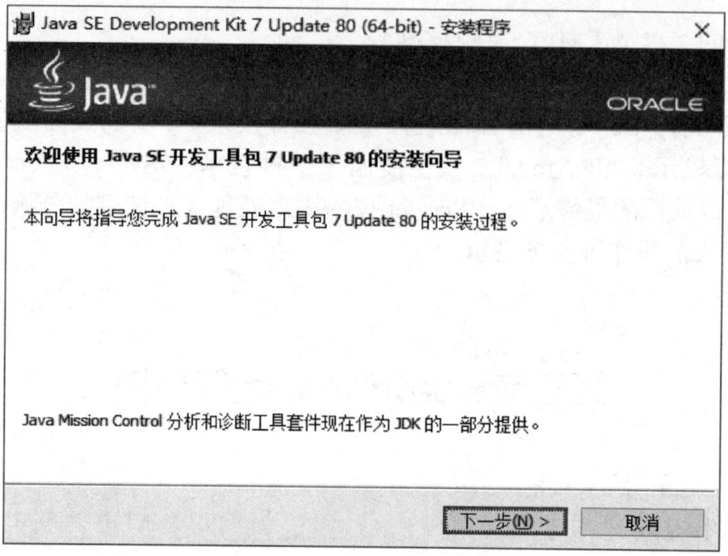

图 1-4 “安装程序”对话框

（2）进入如图 1-5 所示的“定制安装”对话框，在该对话框中，可以选择安装的功能组件和安装路径，这里我们选择默认值。如果想修改安装路径，请单击右下方“更改(C)...”按钮。

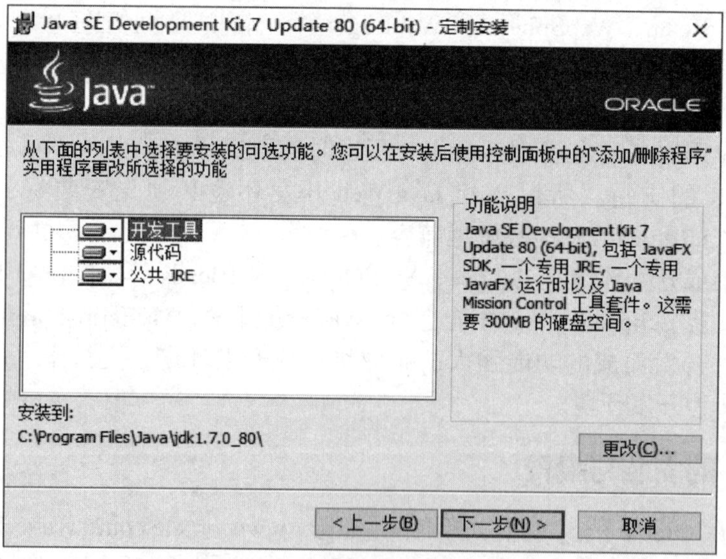

图 1-5 “定制安装”对话框

（3）单击“下一步”按钮后，进入安装状态，系统自动安装程序，这个过程中还会再一次询问安装路径，单击“确定”按钮，就可以继续进行。出现如图 1-6 所示的“完成”对话框，显示 JDK7 已成功安装。

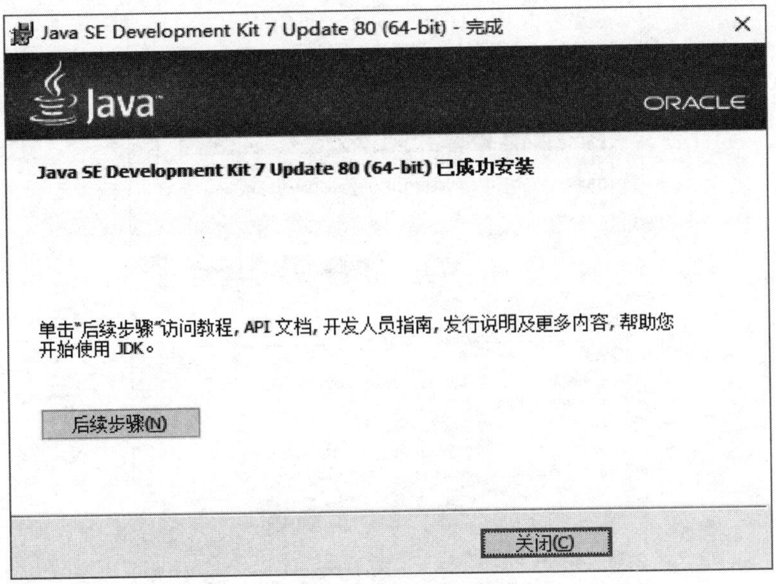

图 1-6　“完成”对话框

2. 配置环境变量

在 Win10 操作系统中配置环境变量的方法如下：

（1）在桌面上右击“此电脑”图标，在弹出的快捷菜单中选择“属性”命令，会打开“系统”窗口，单击“系统”窗口左侧的“高级系统设置”命令，弹出如图 1-7 所示的“系统属性”对话框。

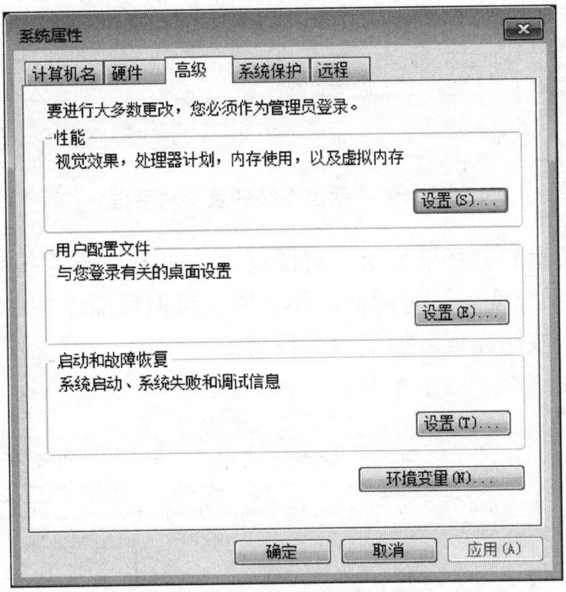

图 1-7　“系统属性”对话框

（2）在“高级”选项卡中，单击“环境变量 (N)...”按钮，将弹出“环境变量”对话框，如图 1-8 所示，单击系统变量下方的“新建 (W)...”按钮，新建系统变量。

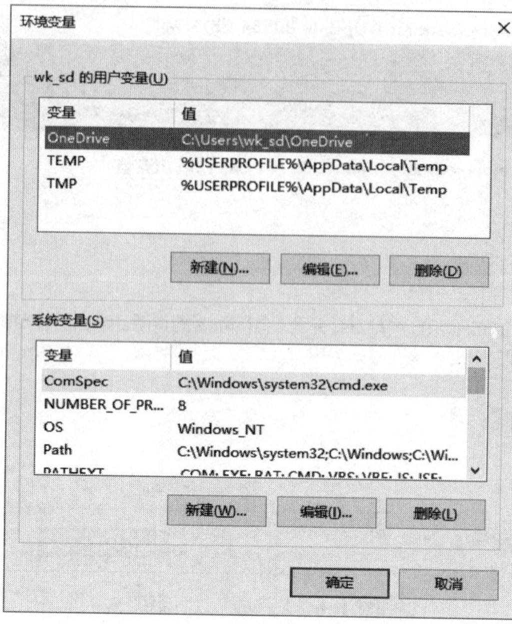

图 1-8 “环境变量”对话框

（3）在如图 1-9 所示的“新建系统变量”对话框中，分别输入变量名“JAVA_HOME”和变量值（JDK 的安装路径，读者需要根据自己安装 JDK 时的安装路径进行相应修改）。填写好后，单击“确定”按钮。

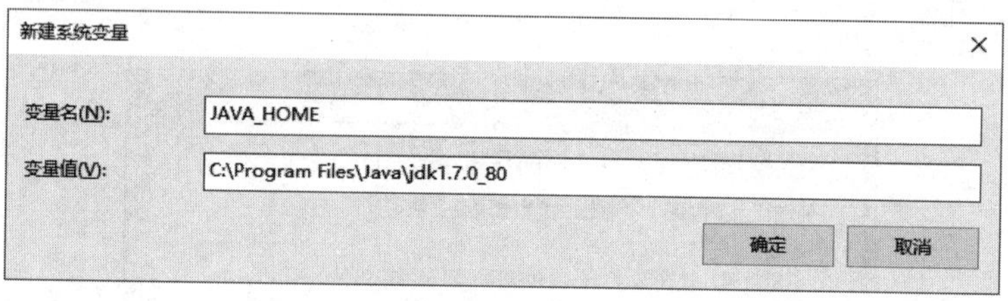

图 1-9 “新建系统变量”对话框

（4）在如图 1-8 所示的“环境变量”对话框中，双击 Path 系统变量修改其值，弹出如图 1-10 所示的“编辑系统变量”对话框，即在原变量值后面添加“%JAVA_HOME%\bin;”变量值。单击“确定”按钮完成环境变量的设置。

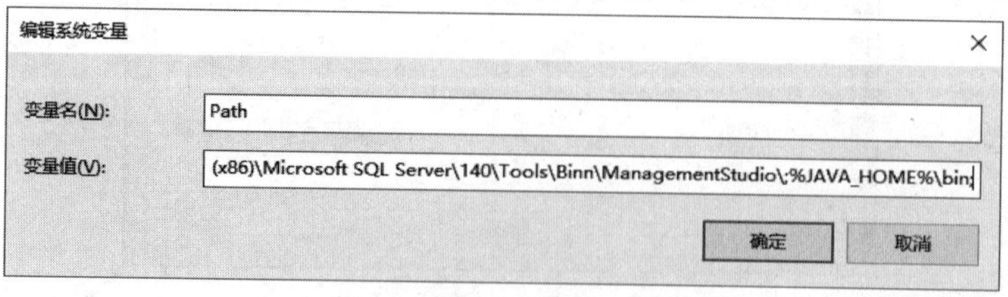

图 1-10 “编辑系统变量”对话框

（5）在 Windows 系统中测试 JDK 环境配置是否正确。Win10 操作系统的“运行”对话框存放在“所有应用”下的“Windows 系统”中，或直接单击“Windows 系统”中的

"命令提示符"。在"运行"对话框中输入"cmd"并单击"确定"按钮，启动控制台。在控制台提示符后输入"javac"命令并按 Enter 键，将出现如图 1-11 所示的 JDK 编译器信息，这说明 JDK 环境搭建成功了。

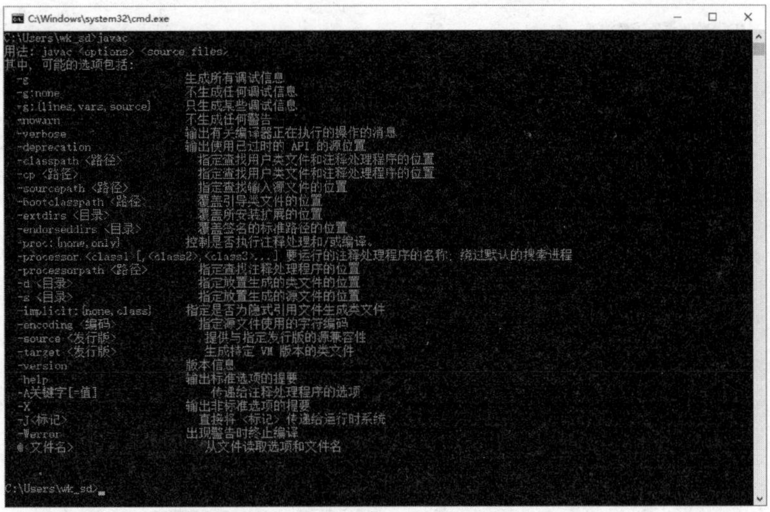

图 1-11　JDK 环境搭建成功测试页面

三、Tomcat 的安装与配置

本书使用 Tomcat 7.0 版本，读者可以到 Tomcat 官方网站下载，网址为 https://tomcat.apache.org/download-70.cgi。

1．Tomcat 的安装

（1）双击下载后的文件（pache-tomcat-7.0.75.exe）进入 Apache Tomcat 安装的初始界面，如图 1-12 所示，单击"Next >"按钮。

图 1-12　Apache Tomcat 安装的初始界面

（2）进入 Tomcat 的安装许可协议界面，如图 1-13 所示。单击“I Agree”按钮，表示“我同意协议中的条款”。

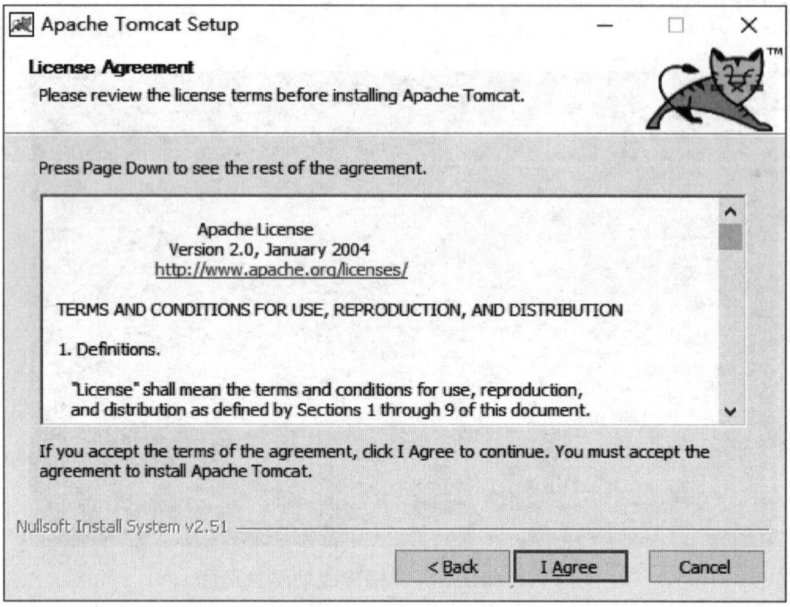

图 1-13　Tomcat 的安装许可协议界面

（3）进入选择安装内容界面，如图 1-14 所示。可以选择全部安装，以免遗漏重要组件。

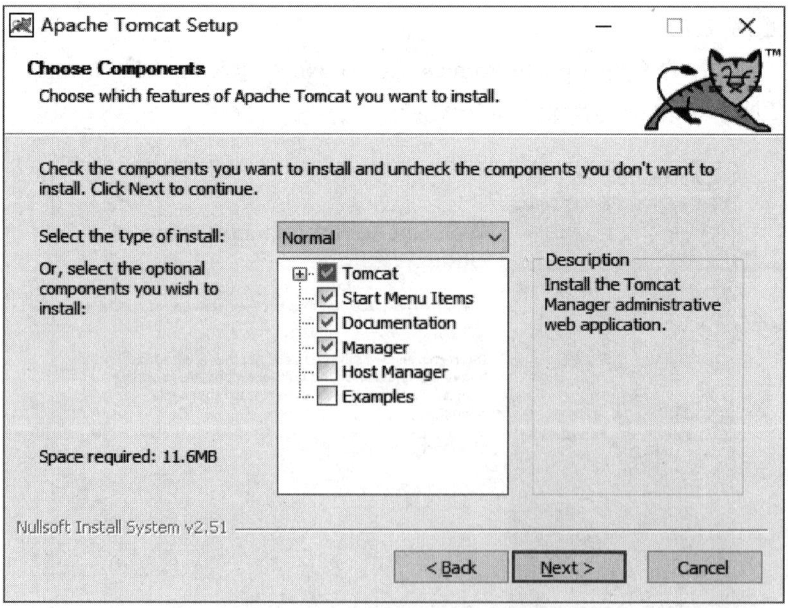

图 1-14　选择安装内容界面

（4）单击“Next >”按钮后，进入 Tomcat 基本配置页面，如图 1-15 所示。设置连接端口信息以及登录 Web 服务器的用户名和密码。这里我们使用默认端口设置，也可以使用其他端口，但是不能与系统的其他端口冲突。管理员名称设为 admin，密码暂不设置。

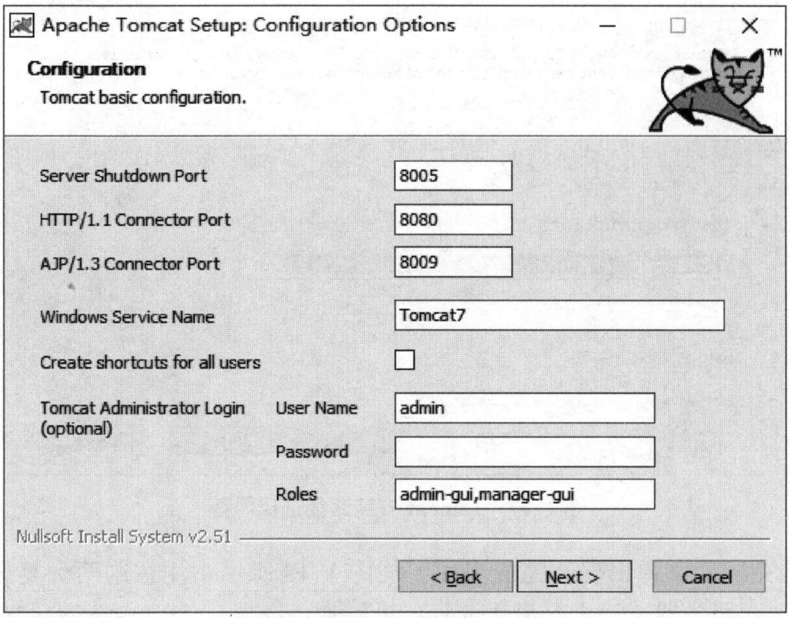

图 1-15　Tomcat 基本配置页面

（5）选择 Java 虚拟机的路径，如图 1-16 所示。

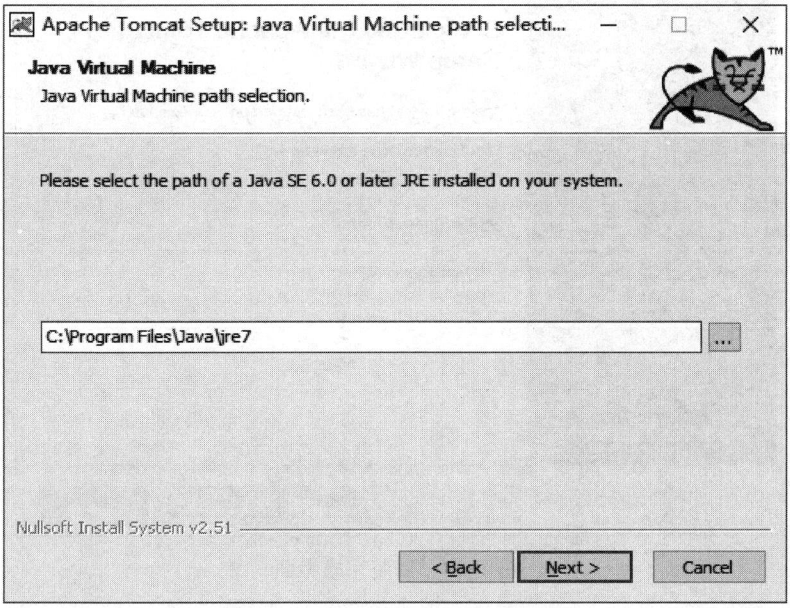

图 1-16　Java 虚拟机路径选择界面

（6）进入 Tomcat 安装路径选择界面，如图 1-17 所示。如果想修改安装路径，请单击“Browse...”按钮进行修改。我们按照默认路径安装，单击“Install”按钮开始安装。

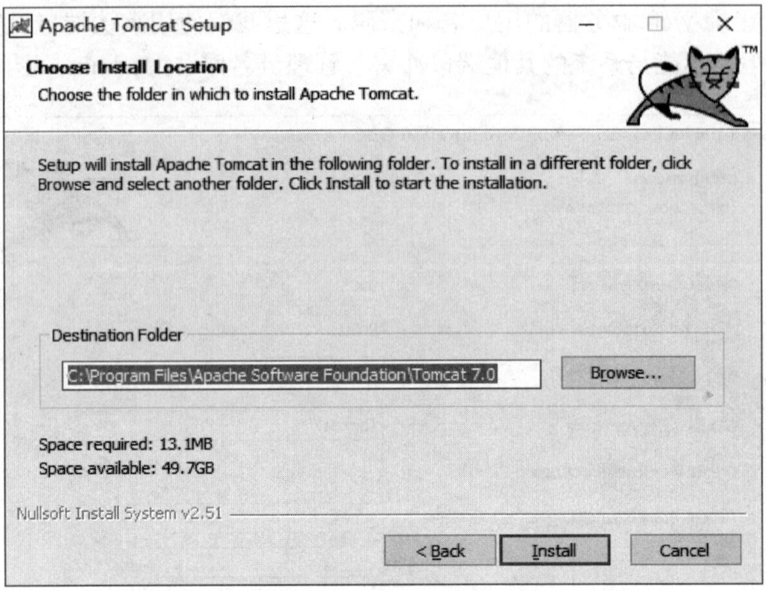

图 1-17　Tomcat 安装路径选择界面

（7）安装完成后，弹出安装完成界面，如图 1-18 所示。注意这两个复选框，一个是立即运行 Tomcat 服务器，一个是显示 Readme 文件。勾选上“Run Apache Tomcat”，单击“Finish”按钮，服务器开始启动，Tomcat 安装过程结束。

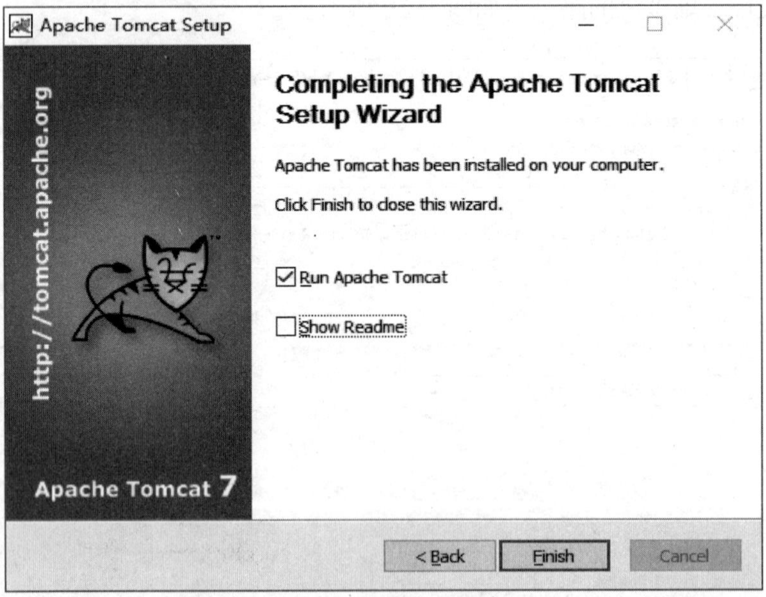

图 1-18　安装完成界面

当在任务栏右侧出现绿色三角形图标时，这表示 Tomcat 7 服务器已经在后台启动运行了。我们也可以在“所有应用”中找到“configure Tomcat”选项，打开 Tomcat 属性对话框，如图 1-19 所示。在该对话框中，单击停止（Stop）、启动（Start）、暂停（Pause）

或重启（Restart）按钮，管理 Tomcat 服务器。

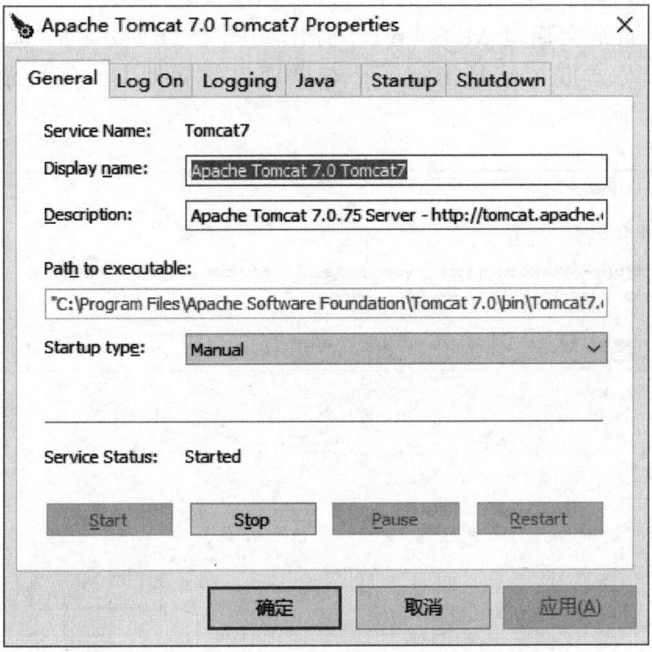

图 1-19　Tomcat 7.0 属性的“通用”标签界面

2. 测试服务器

打开浏览器，输入 http://localhost:8080/，如果能看到如图 1-20 所示的 Tomcat 首页，表示服务器正常运行，否则需要查看日志，寻找错误原因。

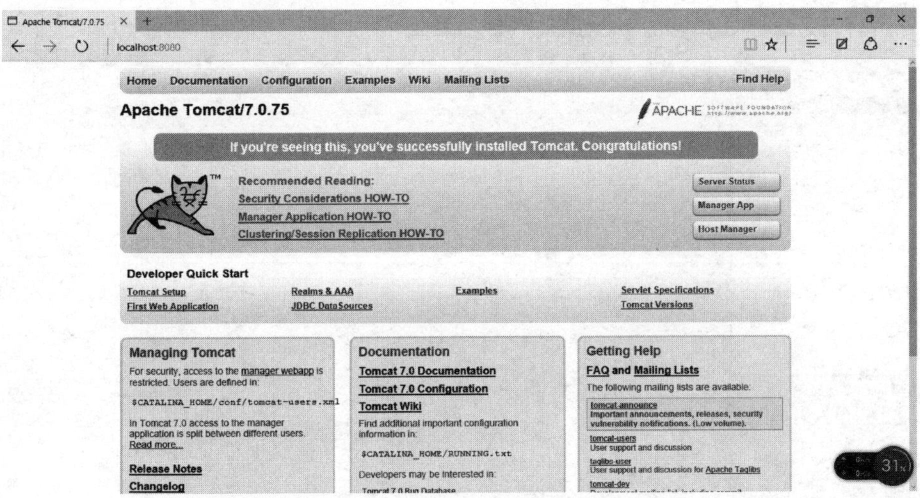

图 1-20　Tomcat 首页

四、MyEclipse 的安装与配置

从 MyEclipse 官方网站 http://www.myeclipseide.com 获得免费试用版软件。本书选择

MyEclipse 9.0 版本。双击下载的安装文件 MyEclipse 9.0，根据提示接受协议、选择安装路径和安装内容等进行安装即可，这里不再详细描述安装过程。

安装完成后，通常会启动 MyEclipse，弹出如图 1-21 所示的“选择工作空间”对话框。Workspace（工作空间）就是指定一个存储项目的文件夹，通过单击“Browse...”按钮可以进行选择。

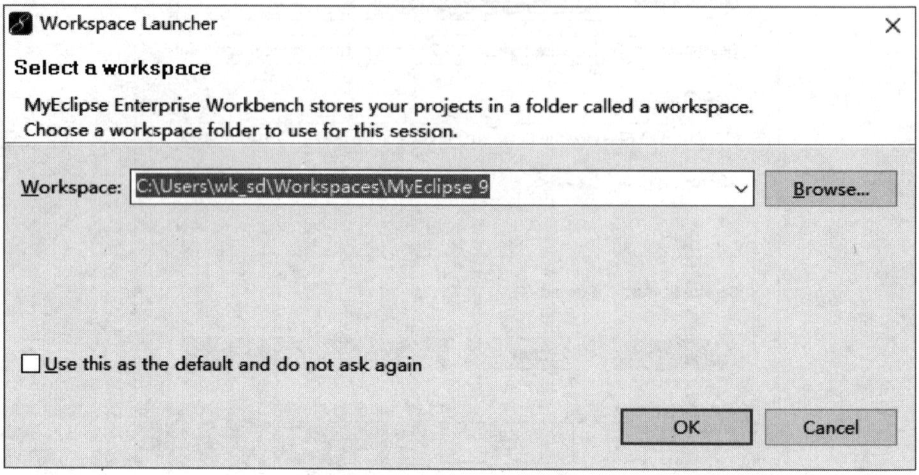

图 1-21 “选择工作空间”对话框

选择完工作空间，单击“OK”按钮，就进入了 MyEclipse 的工作界面，如图 1-22 所示。如果读者不习惯英语界面，可以到官方网站下载汉化插件，按照规定的步骤配置，就可以使用中文界面了。

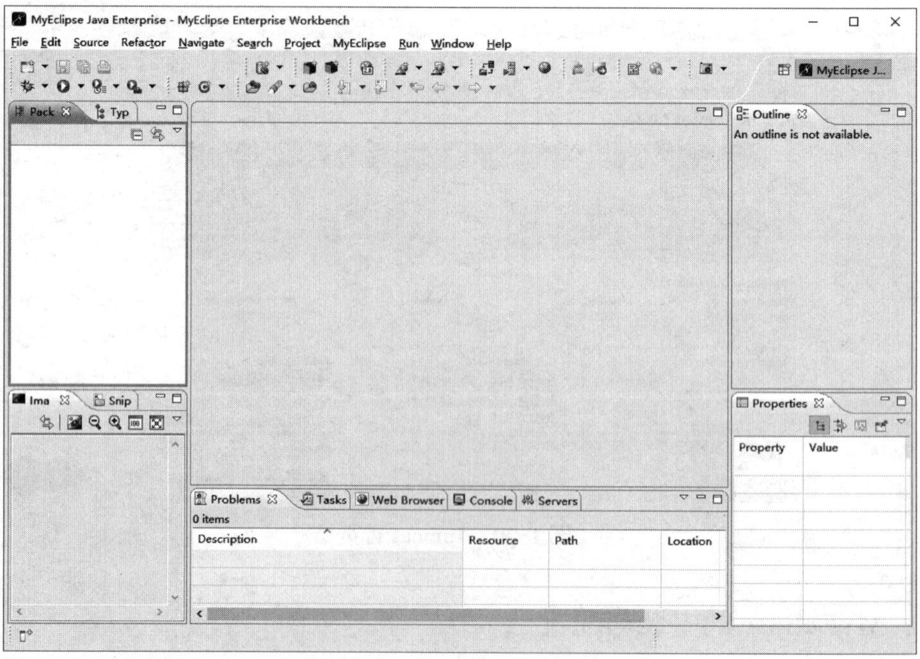

图 1-22 MyEclipse 的工作界面

至此，Java Web 开发和运行环境就搭建好了。下一节我们将创建第一个 Java Web 项目。

第四节　使用 MyEclipse 进行 Java Web 开发

开发环境搭建好了，本节将介绍如何开发一个简单的 Web 应用程序。

一、在 MyEclipse 中创建 Web 项目

通过双击桌面上的 MyEclipse 应用程序图标或者单击“所有应用”中的 MyEclipse 9.0，就可以进入 MyEclipse 工作界面，新建 Web 项目，具体步骤如下：

第一步：选择菜单栏中的“File”—“New”—“Web Project”，打开“New Web Project”对话框，如图 1-23 所示。

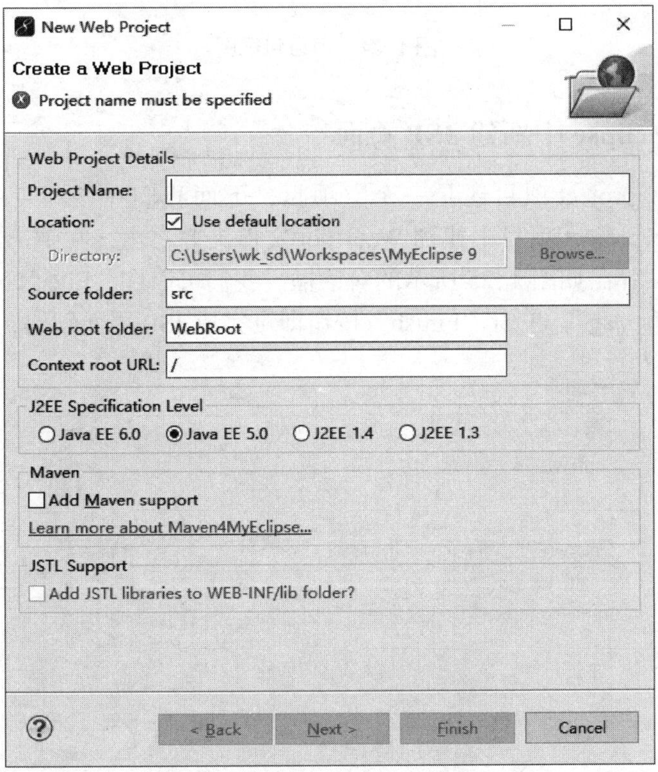

图 1-23　新建 Web 项目对话框

第二步：在“Project Name”文本框中输入 Web 项目的名称，如：first_project。一般将该项目文件存放在默认的工作空间，如果想改变存储位置，不再勾选“Use default location”选项，然后单击“Browse...”按钮进行设置。“Source folder”文本框用来指明存储项目源文件的文件夹，“Web root folder”文本框用来指明 Web 项目文件的存放文件夹，

“Context root URL”文本框用于指明访问该 Web 站点的根路径。以上三项可以采用默认设置。

第三步：单击“Finish”按钮，完成 first_project 项目创建。在左侧“Package Explorer”中能够看到该项目的名称及结构，如图 1-24 所示。Java Web 项目文件结构中包含了类文件、类库、配置文件 web.xml 以及 JSP 文件等，这些组件协同工作。

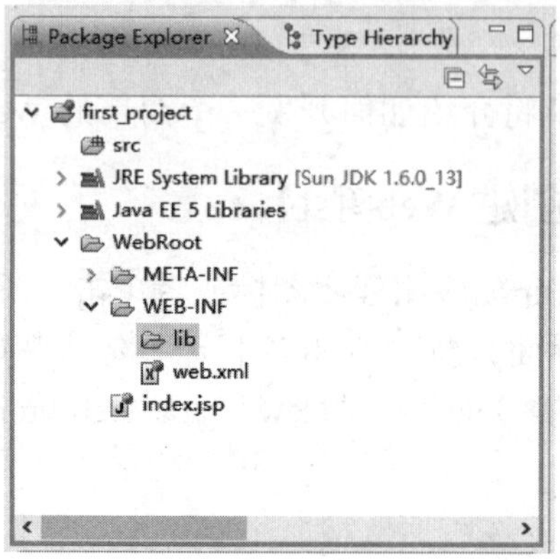

图 1-24　项目包视图

二、在 MyEclipse 中新建 JSP 页面

新创建的 first_project 项目还是一个空项目，下面我们在该项目中添加一个 JSP 页面。首先，在 first_project 项目中找到 WebRoot 文件夹并右击，在弹出的快捷菜单上选择“New”—“JSP”，弹出如图 1-25 所示的对话框。我们可以在“File Name”文本框内输入文件名，如“firstJsp.jsp”，单击“Finish”按钮即可完成 JSP 页面创建，同时 MyEclipse 自动打开 firstJsp 页面。

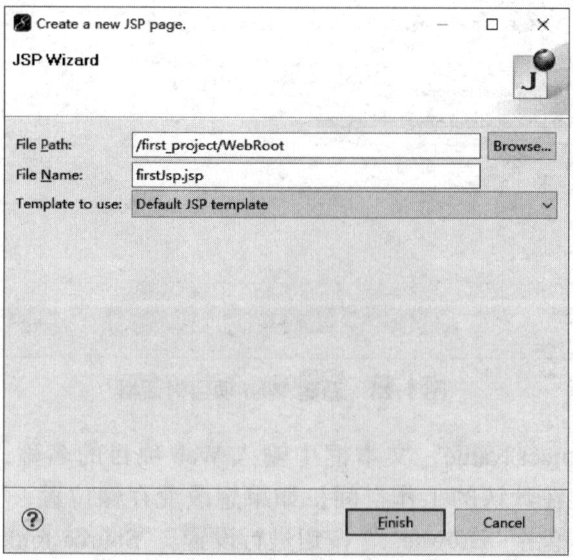

图 1-25　创建新的 JSP 页面对话框

接着，我们通过 MyEclipse 提供的 JSP 页面编辑器来编辑 firstJsp 页面，将 <body> 中的内容修改为“Welcome to my first JSP”并保存。

三、在 MyEclipse 中配置 Tomcat 服务器

为了能够在 MyEclipse 中直接使用 Tomcat 7 服务器，我们需要对其进行配置。单击工具栏上的“Run/stop/Restart MyEclipse Servers”按钮右侧的下三角，在弹出的菜单中选择“configure server”选项，弹出如图 1-26 所示的 Tomcat 服务器设置窗口。

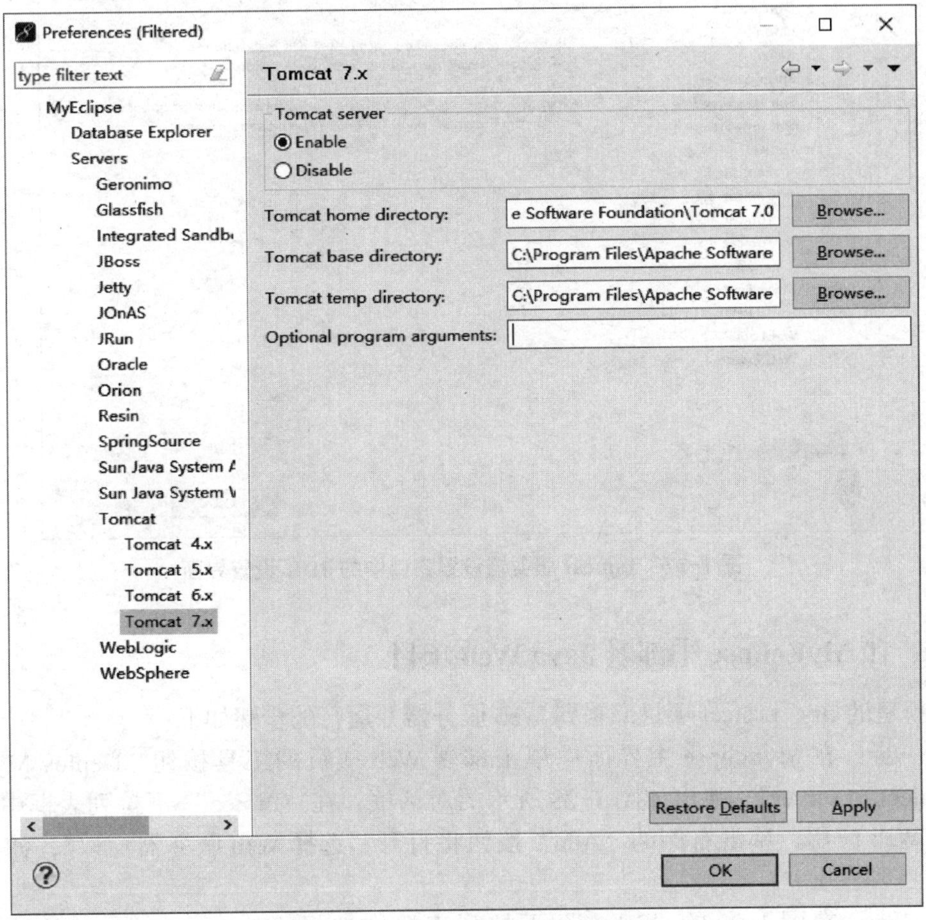

图 1-26　Tomcat 服务器设置窗口

首先，展开左侧的“Servers”，找到“Tomcat”，选择其中的 Tomcat 7.x 进行配置。在“Tomcat home directory”文本框中输入 Tomcat 的安装目录。指定正确的安装目录后，下面两个文本框会自动输入，无须再设置。

然后，单击左侧的 Tomcat 7.x，展开下拉框，单击“JDK”选项，右侧框显示如图 1-27 所示的“JDK”相关内容，在“Tomcat JDK name”下的文本框右侧输入刚安装的 JDK 的名称，也可以单击右侧的“Add...”按钮直接找到 JDK 安装路径，自动会填入 JDK 名称。

最后，单击“OK”按钮，Tomcat 7 服务器就整合至 MyEclipse 集成开发环境中了。

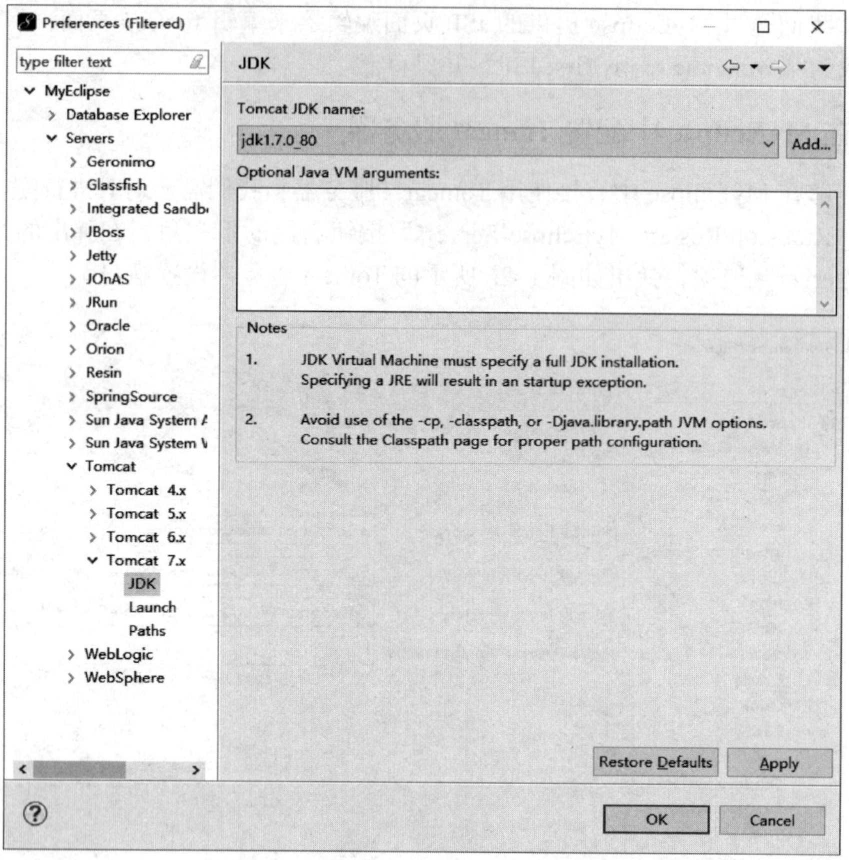

图 1-27　**Tomcat 服务器设置窗口中的 JDK 设置界面**

四、在 MyEclipse 中部署 Java Web 项目

将新建的 first_project 项目部署到 Web 服务器并运行的步骤如下：

第一步：在 MyEclipse 主界面中单击部署 Web 项目的工具按钮 "Deploy MyEclipse J2ee project to server"，弹出如图 1-28 所示的对话框，在 "Project" 下拉列表框中选择要部署的 Web 应用。单击右侧的 "Add" 按钮将打开 "选择 Web 服务器窗口"，如图 1-29 所示。

第二步：在图 1-29 的 "Server" 下拉列表框中选择 "Tomcat 7.x"，其他选项默认设置，单击 "Finish" 按钮完成服务器的选择。页面回到项目部署界面，此时会发现 "Deployments" 下面多了一行 first_project 项目部署到 Tomcat 7.x 服务器的信息，并且最下面的 "Deployments Status"（部署状态）下面显示 "Successfully deployed"（部署成功）。

第三步：单击工具栏 "Run/stop/Restart MyEclipse Servers" 按钮右侧的下三角，弹出下拉菜单，选择 "Tomcat 7.x" 选项中的 "Start"，启动服务器，如图 1-30 所示。

第四步：运行 first_project 项目。打开 MyEclipse 中的浏览器或外部浏览器，在地址栏中输入 http://localhost:8080/first_project/firstJsp.jsp，按回车后运行的效果如图 1-31 所示。

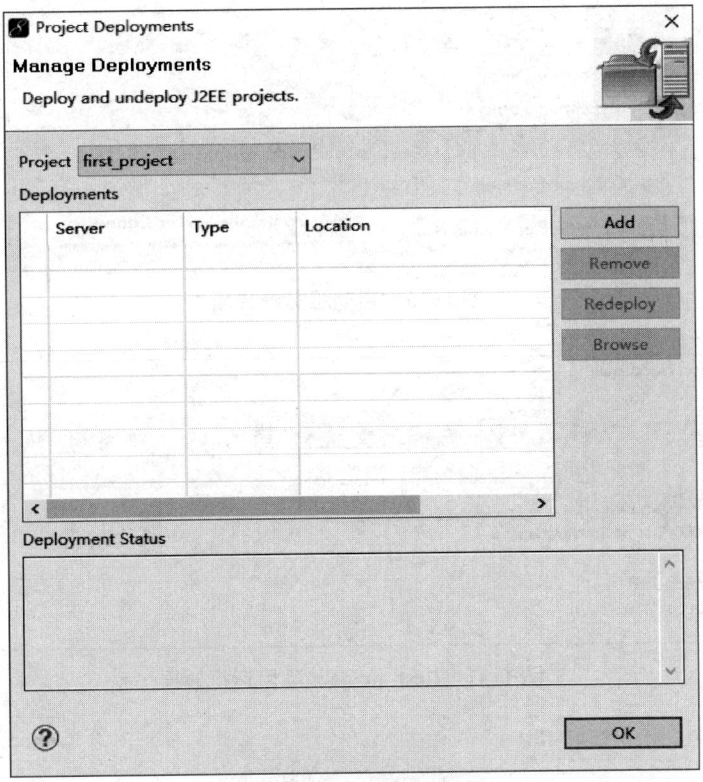

图 1-28　项目部署界面

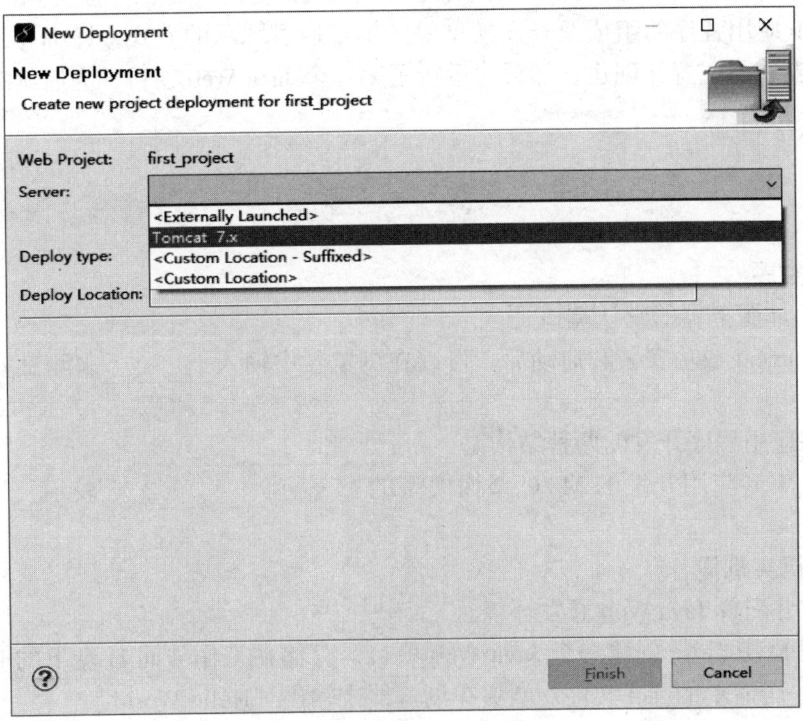

图 1-29　选择 Web 服务器窗口

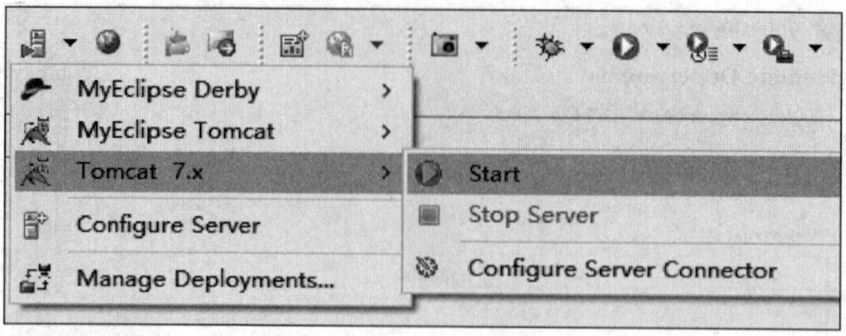

图 1-30 启动服务器界面

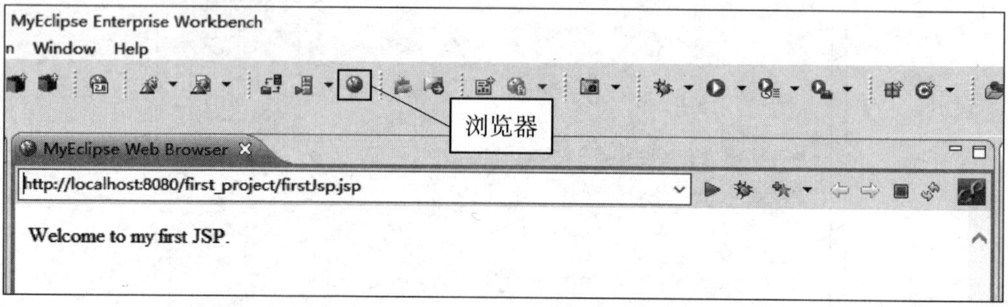

图 1-31 **first_project** 项目运行效果

小 结

本章主要介绍了 Web 应用程序的工作原理、开发模式、发展历程及 Web 应用开发技术、Java Web 应用程序的组成及开发模型等。本章通过图示的方式，详细介绍了 Java Web 开发环境的安装与配置并创建、部署、运行了第一个 Java Web 项目，为后续章节的学习奠定了基础。

习 题

一、填空题

1．Tomcat 服务器的默认端口是________。

2．在 Tomcat 成功安装和启动后，可以在浏览器中输入________来测试安装配置是否正常。

3．网络应用程序开发的两种结构是________和________。

4．Java Web 应用开发的 MVC 架构模型的 M 表示________，V 表示________，C 表示________。

二、上机实训题

1．安装并配置 Java Web 开发环境。

2．使用 MyEclipse 创建一个 Java Web 项目，存储在工作空间 D 盘下的 javaweb 文件夹里，新建一个简单的 .jsp 文件，能够在浏览器中输出“Hello World”。

第 2 章

网页前端开发技术

❑ 学习目标

- 理解 HTML 语言中的文本控制、表格、图像、列表、表单标记的作用。
- 深入理解表格、表单、CSS 样式表的作用和意义。
- 能熟练掌握网页设计中字符格式的设置方法，以及段落分段与换行的方法。
- 能熟练掌握 HTML 语言中各种标记的使用方法。
- 能熟练运用表单技术建立交互式页面。
- 能熟练运用 CSS 技术规范设计网页并美化网页内容。

第一节　HTML

一、创建 HTML 文件

1．什么是 HTML

HTML，即超文本标记语言（Hyper Text Markup Language），是用来描述网页的一种语言。人们可以使用 HTML 建立自己的 Web 站点。浏览器读取 HTML 文档，并以网页的形式显示出它们。浏览器不会显示 HTML 标签，而是使用标签来解释页面的内容。

例 2-1 我的第一个网页。jw2-1-1.html 源代码如下：

```
<html>
<head>
<title>hello, 欢迎来到我的第一个网页 </title>
</head>
  <body>
    <h1> 我的第一个小程序 </h1>
    <p>HTML 的基本结构 </p>
  </body>
</html>
```

运行结果如图 2-1 所示：

图 2-1　我的第一个小程序运行结果

文档的基本结构

2．HTML 文档结构

HTML 网页文件主要由文件头和文件体两部分组成。文件头对文件进行一些必要的定义，文件体是 HTML 网页的主要部分，包含 3 个主要标记：<html>、<head>、<body>。下面是 HTML 网页的基本结构。

基本结构	说明
<html>	HTML 文件开始
<head>	文件头开始
文件头	
</head>	文件头结束
<body>	文件体开始

```
    文件体
  </body>                          文件体结束
</html>                            HTML 文件结束
```

HTML 标记是用于描述功能的符号，由尖括号包围关键词，如 <html>；HTML 标记通常是成对出现的，如 <p> 和 </p>。标记语法格式如下所示：

```
<标记名字 [ 属性 1 属性 2 属性 3 …]>（标记可以没有属性）
```

如水平线标记 <hr>，例如：

```
<hr size="3" align="left" />
```

HTML 语法规则如下：

（1）标记不区分大小写。

（2）标记可以嵌套，不能交叉。

（3）一行可以写多个标记，一个标记也可以分多行书写，不用任何续行符。

（4）HTML 源文件中的换行、回车符和多个连续空格在显示效果中是无效的。

二、HTML 文本控制标记

1．标题标记：<hn>

在 HTML 标记中，设定了 6 个标题标记，分别为 <h1> 至 <h6>，代表 1 级标题至 6 级标题，数字越大，字体越小，用黑体字显示标题内容。

2．字体标记：<font>

字体标记能够设置文字字体、字号和颜色等。其基本语法如下所示：

```
<font face="字体" size="字号" color="颜色"></font>
```

字体标记

3．文字布局类标记：<p>、
、<center>

段落标记以 <p> 开头，以 </p> 结束，使得该段的段前和段后各添加一个空行。换行标记
 是一个单独标记。如果想让页面中的内容居中显示，使用居中标记 <center>。

4．HTML 文本控制标记举例

使用文本控制标记在 HTML 页面进行文字排版设计。如果想要达到如图 2-2 所示的效果，参见例 2-2，将 HTML 文本控制标记综合运用。

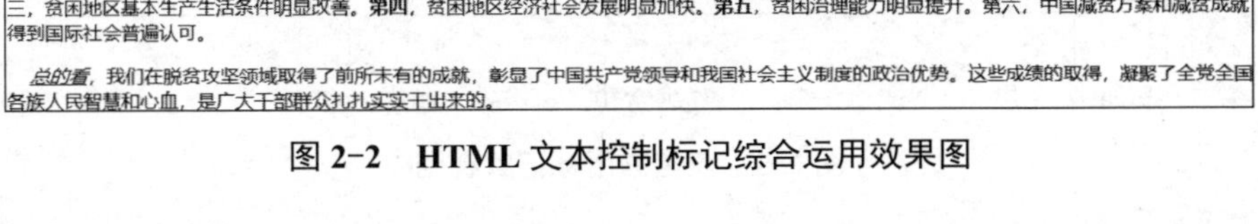
我国脱贫攻坚取得决定性成就

党的十八大以来，我们坚持以人民为中心的发展思想，明确了到2020年我国现行标准下农村贫困人口实现脱贫、贫困县全部摘帽、解决区域性整体贫困的目标任务。目前看，脱贫进度符合预期，成就举世瞩目。**第一**，脱贫攻坚目标任务接近完成。**第二**，贫困群众收入水平大幅度提高。**第三**，贫困地区基本生产生活条件明显改善。**第四**，贫困地区经济社会发展明显加快。**第五**，贫困治理能力明显提升。第六，中国减贫方案和减贫成就得到国际社会普遍认可。

总的看，我们在脱贫攻坚领域取得了前所未有的成就，彰显了中国共产党领导和我国社会主义制度的政治优势。这些成绩的取得，凝聚了全党全国各族人民智慧和心血，是广大干部群众扎扎实实干出来的。

图 2-2　HTML 文本控制标记综合运用效果图

例 2-2　jw2-1-2.html 部分代码如下：

```
<body>
<h1><center> 我国脱贫攻坚取得决定性成就 </center></h1>
<p>     党的十八大以来，我们坚持以人民为中心的发展思想，明确了到
2020 年我国现行标准下农村贫困人口实现脱贫、贫困县全部摘帽、解决区域性整体贫困的目标任务。目
```

```
前看，<font face="黑体" size="+1" color="#990000">脱贫进度符合预期，成就举世瞩目。</font><b>第一，</b>脱贫攻坚目标任务接近完成。<b>第二</b>，贫困群众收入水平大幅度提高。<b>第三</b>，贫困地区基本生产生活条件明显改善。<b>第四</b>，贫困地区经济社会发展明显加快。<b>第五</b>，贫困治理能力明显提升。第六，中国减贫方案和减贫成就得到国际社会普遍认可。</p>
    <p>    <i><u>总的看</u></i>，我们在脱贫攻坚领域取得了前所未有的成就，彰显了中国共产党领导和我国社会主义制度的政治优势。这些成绩的取得，凝聚了全党全国各族人民智慧和心血，是广大干部群众扎扎实实干出来的。</p>
    </body>
```

三、表格标记

表格由 <table> 标签来定义。每个表格均有若干行（由 <tr> 标签定义），每行被分割为若干单元格（由 <td> 标签定义）。

表格标记

1. 表格的常用标记说明

表格是由行和列组成的，行和列又是由单元格组成，单元格是组成表格的最基本单位。单元格之间的间隔称为单元格间距，单元格内容与单元格边框之间的间隔称为单元格边距（或填充），如图 2-3 所示。

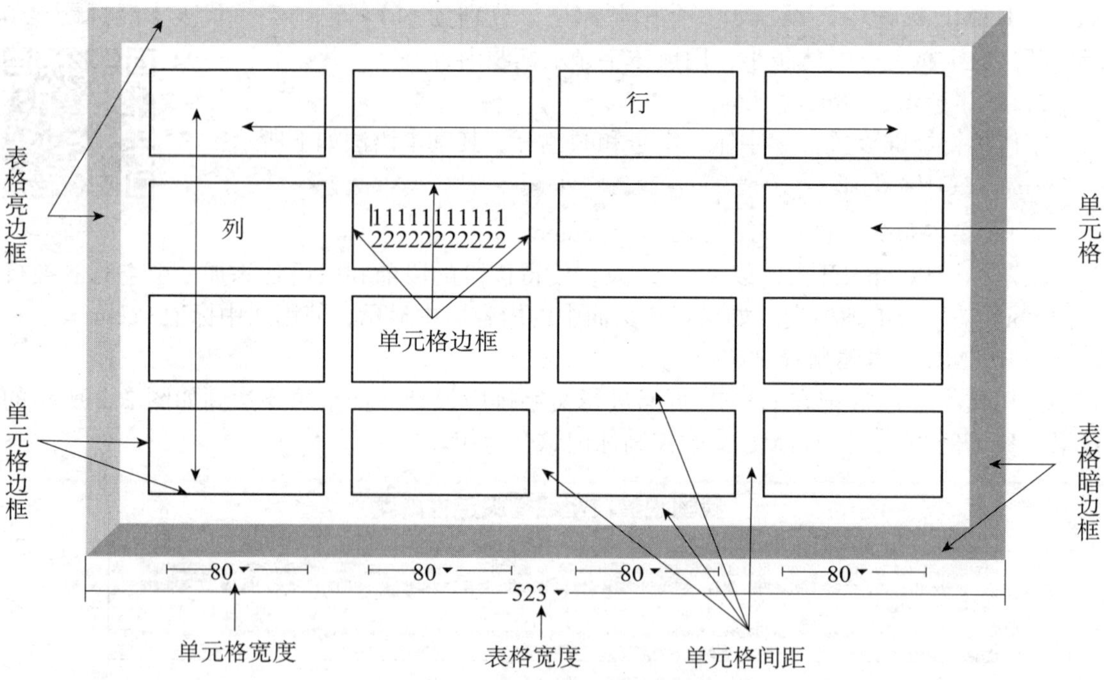

图 2-3　表格常用标记解释图

表格常用标记及说明见表 2-1。

表 2-1　表格常用标记及说明

标记 / 属性	说明
<table>	以 <table>…</table> 标记整个表格，还有 width，border 等属性。

续前表

标记 / 属性	说明
<caption >	标题标记，还有 align，valign 等属性。
<th>	表头标记，该标记内容预设为水平垂直居中对齐且字体加粗。
<tr>	行标记，嵌套在 <table> 标记中使用，也有 background 等属性。
<td>	单元格标记。一个 <tr> 标记中可能嵌套若干 <td>。
cellpadding	单元格边沿与其内容之间的空白，单位为 pixels 或 %。
cellspacing	规定单元格之间的空白，单位为 pixels 或 %。
bgcolor	设置表格的背景颜色，表示方式为 rgb(x,x,x) 或 #xxxxxx 或 colorname。建议使用 CSS 样式代替。
background	设置表格的背景图像。建议使用 CSS 样式代替。
align	规定表格相对周围元素的对齐方式，其值为 left、center、right。
width	设定表格宽度，单位为 pixels 或 %。
height	设定表格高度，单位为 pixels 或 %。
border	规定表格边框的宽度，单位为 pixels，默认为 1。
bordercolor	设置表格内边框的颜色。
bordercolorlight	亮边框的颜色，表示方式为 rgb(x,x,x) 或 #xxxxxx 或 colorname。
bordercolordark	暗边框的颜色，表示方式为 rgb(x,x,x) 或 #xxxxxx 或 colorname。

2. 页面中定义一个表格

例 2-3 在页面中定义 3 行 2 列学生信息表。JW2-1-3.html 部分代码如下：

```
<body>
<table width="500" border="1">
<tr>
<th> 姓名 </th>
<th> 性别 </th>
</tr>
<tr align="center" valign="middle">
<td> 张小华 </td>
<td> 女 </td>
</tr>
<tr>
<td align="center" valign="middle"> 李文军 </td>
<td align="center" valign="middle"> 男 </td>
</tr>
</table>
</body>
```

运行本例结果如图 2-4 所示。

姓名	性别
张小华	女
李文军	男

图 2-4　插入一个 3 行 2 列的表格

四、图像标记

在 HTML 页面中，添加图片是通过 <img> 标记来实现的。<img> 标记的语法格式如下：

```
<img src=" 图像的 url" alt=" 图像的替代文本 " height=" 设置图像高度 "width=" 设置图像宽度 " />
```

图像标记

图像的 url 指存储图像的位置，可以是相对路径，也可以是绝对路径。在浏览器无法载入图像时，浏览器将显示 alt 指定的替代文本。

例 2-4 在页面中显示一幅图像，当无法加载图像时，显示“习近平深入武汉社区看望居民群众和防控一线工作人员”。jw2-1-4.html 部分代码如下：

```
<img src="img/img1.jpg" width="460" height="300" alt=" 习近平深入武汉社区看望居民群众和防控一线工作人员 ">
```

五、超链接

超链接是指从一个网页指向一个目标的连接关系，这个目标可以是另一个网页，也可以是相同网页上的不同位置，还可以是一个图片、一个电子邮件地址、一个文件，甚至是一个应用程序。网页中超链接一般分为以下 3 种类型：内部链接、锚点链接和外部链接。建立超链接的语法格式如下：

超链接

```
<a href="url" name="锚记名称"   target ="目标窗口"> 链接内容 </a>
```

例 2-5 在网页上插入超链接，链接至 w3school 网站。Jw2-1-5. html 部分代码如下：

```
<a href="https://www.w3school.com.cn/index.html" target="_blank">w3school </a>
```

六、列表标记

列表标记可以将文字以列表的形式依次排列，以更加方便网页访问者阅读。HTML 列表标记主要有无序列表（ul）和有序列表（ol）两种。

1．无序列表

利用成对 <ul>、</ul> 标记可以插入无序列表，<ul> 标记之间使用成对 <li>、</li> 标记添加列表项值。

无序列表

例 2-6 使用无序列表对文字进行排序。jw2-1-6.html 部分代码如下：

```
<ul type="disc">
<li> 鲜花速递、玫瑰、百合花 </li>
<li> 蛋糕、品牌生日蛋糕 </li>
```

```
<li> 礼篮、商务礼篮 </li>
</ul>
```

代码中 type 属性值可以为 disc（默认值）、circle 和 square，分别表示列表符号为实心圆圈“●”、空心圆圈“○”和实心方形“■”。

2．有序列表

有序列表可以将列表项进行排序，它的标记为 <ol>，每一个排序列表项前面使用 <li> 标记。

有序列表

例 2-7　使用有序列表对文字进行排序。jw2-1-7.html 部分源代码如下：

```
<ol type="1">
<li> 鲜花 / 梦幻之恋 永恒的爱恋，无尽的爱 </li>
<li> 鲜花 / 一生的期盼 喜欢你是淡淡的爱 </li>
<li> 鲜花 / 一直爱你 有一种感觉叫作爱 </li>
</ol>
```

有序列表中 type 属性值及说明见表 2-2。

表 2-2　有序列表中 type 属性值及说明

属性值	有序列表符号
1	数字 1、2 …
a	小写字母 a、b …
A	大写字母 A、B …
i	小写罗马数字 i、ii、iii、iv…
I	大写罗马数字Ⅰ、Ⅱ、Ⅲ…

七、HTML 表单标记

在上网过程中，经常会遇到账号注册、登录、用户调查等页面，这些页面中的文本框、密码框、单选按钮、复选按钮等都属于 HTML 表单中的元素。表单是用户与网页交互信息的重要手段。

1．插入表单

网页中插入表单以 <form> 标记开头，以 </form> 标记结束。<form> 标记的基本语法如下：

form 标记

```
<form name="form1" action="url" method="post|get" onSubmit="url" target="url">
</from>
```

<form> 标记各属性说明见表 2-3。

表 2-3　<form> 标记各属性说明

属性名称	说明
name	指定表单名称，该属性值由程序员自定义。
action	指定处理表单数据程序的 URL 地址，其值可以是某个 JSP 文件名等。

续前表

属性名称	说明
method	指定数据传送到服务器的方式。该属性值可取 get 和 post 两种。get 属性值表示将表单中输入的数据追加在 action 指定的地址后面，并传送到服务器；post 属性值不把表单中的数据追加到地址后面，按照 HTTP 协议中的 post 传输方式传送到服务器。
onSubmit	用于指定当用户单击提交按钮时触发的事件。
target	指定输入数据结果显示在哪个窗口中。属性值为“_blank”表示在新窗口中打开目标文件；“_self”表示在同一个窗口中打开，该项为默认值；“_parent”表示在上一级窗口中打开；“_top”表示在浏览器的整个窗口中打开，忽略任何框架。

2．<input> 表单输入标记

表单中使用最频繁的标记就是 <input> 表单输入标记，通过这个标记可以向表单中添加单行文本框、多行文本框、按钮等元素。<input> 标记的基本语法格式如下：

input 标记

```
<input type="text" disabled="disabled" checked="checked" width="digit" height="digit" maxlength="digit" readonly="" size="digit" src="url" alt="" name="checkbox" value="checkbox">
```

<input> 标记的属性描述见表 2-4。

表 2-4　<input> 标记的属性描述

属性	描述
type	指定添加的是哪种类型的输入字段，共有 10 个可选值，见表 2-5。
disabled	指定输入字段不可用，即字段变成灰色。属性值可为空，也可以为 disabled。
checked	指定输入字段是否处于被选中状态，用于 radio 和 checkbox 控件，值可以为空，也可以为 checked。
width	指定输入字段的宽度，用于 image 控件。
height	指定输入字段的高度，用于 image 控件。
maxlength	指定输入字段可输入文字的个数，用于 text 和 password 控件，默认无字数限制。
readonly	指定输入字段是否为只读，属性值可以为空，也可以为 readonly。
size	指定输入字段的宽度，text 和 password 控件以文字个数为单位，当 type 属性为其他值时，以像素为单位。
src	指定图片的来源，只用于 image 控件。
alt	指定图片无法显示时替代的文字，只用于 image 控件。
name	指定输入字段的名称。
value	指定输入字段默认数据值，当 type 属性值为 radio 和 checkbox 时，此属性不可省略且其值是数据项选定时的值，其他控件可以省略该属性；当 type 属性值为 button、reset 和 submit 时，该值是按钮上显示的文字。

type 属性是 <input> 标记中非常重要的内容，决定了输入数据的类型。该属性值的可选项见表 2-5。

表 2-5 type 属性的属性值

type 属性值	类 型	用 途
text	单行文本框	用于接收单行文本输入。
password	密码输入框	接收单行文本输入，该区域字符被掩码。
radio	单选按钮	相同 name 属性的单选按钮只能选一个，默认选中项使用 checked="checked"。
checkbox	复选框	复选框允许用户在有限数量的选项中选择零个或多个选项。
submit	提交按钮	单击后会将表单数据发送到服务器。
reset	重置按钮	单击后会清除表单中的所有数据。
button	按钮	定义按钮，大部分情况下执行的是 JavaScript 脚本。
file	文件控件	用于文件上传。
number	数字文本框	用于包含数字的输入域，HTML5 新增。
date	日期文本框	用于包含日期的输入字段，HTML5 新增。
email	电子邮件文本框	用于包含电子邮件地址的输入字段，HTML5 新增。

例 2-8 制作旅游网会员注册表。效果如图 2-5 所示。要求使用表格进行整体布局，表单中包括用户名文本框、密码框、性别使用单选按钮，Email、电话、年龄和出生日期均使用 HTML 新增功能设置，爱好为复选按钮，所在地为下拉列表框，备注是多行文本域，最下面是“提交”和“重置”按钮。

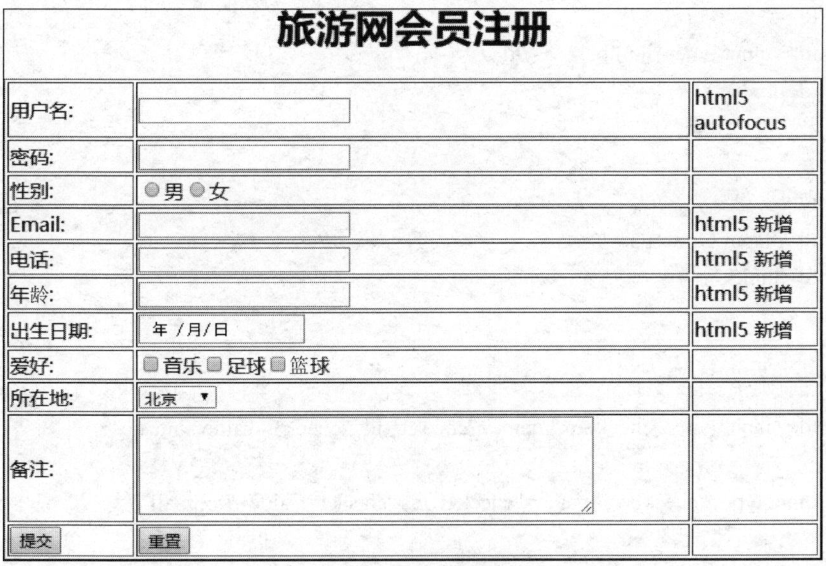

图 2-5 旅游网会员注册表

旅游网会员注册网页 jw2-1-8.html 的主要代码如下：

```
<body>
  <h1 align="center"> 旅游网会员注册 </h1>
```

```
<form name="form1"  method="post">
<table border="1" align="center">
  <tr >
    <td width="100"> 用户名:</td>
    <td width="450"><input type="text" /></td>
    <td width="100">html5 autofocus</td>
  </tr>
  <tr>
    <td> 密码:</td>
    <td><input type="password" /></td>
    <td> </td>
  </tr>
  <tr>
    <td>Email:</td>
    <td><input type="email" /></td>
    <td>html5 新增 </td>
  </tr>
  <tr>
    <td> 电话:</td>
    <td><input type="number" /></td>
    <td>html5 新增 </td>
  </tr>
  <tr>
    <td> 年龄:</td>
    <td><input type="number" /></td>
    <td>html5 新增 </td>
  </tr>
  <tr>
    <td> 出生日期:</td>
    <td><input type="date"/></td>
    <td>html5 新增 </td>
  </tr>
  <tr>
    <td> 爱好:</td>
    <td><input type="checkbox" name="check1" id="check1" value="music" />
          音乐
    <input type="checkbox" name="check1" id="check1" value="football" />
          足球
    <input type="checkbox" name="check1" id="check1" value="basketball" />
          篮球 </td>
    <td> </td>
  </tr>
  <tr>
```

```
            <td> 所在地:</td>
            <td><select name="homeplace">
                <option value="Beijing"> 北京 </option>
                <option value="Tianjin"> 天津 </option>
                <option value="Shanghai"> 上海 </option>
                <option value="Shandong"> 山东 </option>
            </select></td>
            <td> </td>
        </tr>
        <tr>
            <td> 备注:</td>
            <td><textarea cols="50" rows="5"></textarea></td>
            <td> </td>
        </tr>
        <tr>
            <td><input type="提交"/></td>
            <td><input type="重置"/></td>
            <td> </td>
        </tr>
        </table>
    </form>
</body>
```

第二节　CSS 样式表

一、CSS 的定义

CSS（Cascading Style Sheet）是层叠样式表，用于网页中样式的定义，是一组格式设置规则，能够控制网页的外观。CSS 标准使得开发人员能够分离页面内容和表现形式，将页面内容放在 HTML 文档中，而用于定义表现形式的 CSS 规则存放在另一个文件中或 HTML 文档头部。这样不仅使维护站点的外观更加容易，还可以使 HTML 文档代码更加简练，缩短浏览器的加载时间。

CSS 的定义

二、CSS 规则的定义

CSS 样式表的核心是规则的制定，也就是样式的定义。CSS 样式表包括 3 部分内容：选择器、属性和属性值。

（一）CSS 样式的语法

CSS 样式的语法格式为：selector{property:value}

CSS 样式的语法

语法说明如下：

selector 选择器，又称选择符，是 CSS 中非常重要的概念。所有 HTML 语言中的标记都是通过不同的 CSS 选择器进行控制的。

property 属性，主要包括字体属性、文本属性、背景属性、布局属性、边界属性、列表项目属性、表格属性等内容。其中一些属性只有部分浏览器支持，因此使 CSS 属性的使用变得更加复杂。

value 属性值，为某属性的有效值。属性与属性值之间用“:”分隔，多个属性之间用“;”分隔。例如：选择器 h1 {color:red; font-size:14px;}（代码结构如图 2-6 所示），表示将 h1 元素内的文字颜色定义为红色，同时将字体大小设置为 14 像素。这里一个属性值也称为一条声明。

图 2-6　h1 代码结构

（二）CSS 选择器

CSS 选择器常用的是标记选择器、类别选择器、ID 选择器等。下面主要介绍这三种基本类型。

1．标记选择器

大家知道 HTML 页面是由很多标记组成的，如超链接标记 <a>、表格标记 <table>、图像标记 <img> 等。标记选择器就是声明页面中哪些标记采用哪些 CSS 样式。例如 h1 标记选择器，就是声明页面中所有 <h1> 标记的样式风格。

CSS 标记选择器

例 2-9 定义 h1 标记选择器，在该标记中定义一级标题字体颜色为蓝色。

```
h1 {color:blue;}
```

2．类别选择器

使用标记选择器非常快捷，但是会有一定的局限性。比如页面如果声明标记选择器，那么页面中所有该标记内容都会是相同的样式。假设页面中有 3 个 <h1> 标记，要想使每个 <h1> 标记的显示效果都不一样，这时就需要引入类别选择器了。

CSS 类别选择器

类别选择器的名称是由用户自定义的，以“.”开头，定义的属性与属性值同样遵循 CSS 规则。应用类别选择器的 HTML 标记，需使用 class 属性来声明。

例 2-10 使用类别选择器控制页面中字体的样式。jw2-2-1.html 主要代码如下：

```
<head>
```

```
    <style type="text/css">
    .important {color: red;}
    </style>
</head>
<body>
    <h1 class="important"> This heading is very important. </h1>
    <p class="important"> This paragraph is very important. </p>
</body>
```

3．ID 选择器

ID 选择器类是通过 HTML 页面中的 ID 属性增添样式，类似于类别选择器。但需要注意的是，由于 HTML 页面中不能包含有两个相同的 ID 标记，因此定义的 ID 选择器只能被使用一次。定义 ID 选择器以“#”开始。

CSS ID 选择器

例 2-11 使用 ID 选择器控制页面中字体的样式。jw2-2-2.html 主要代码如下：

```
<head>
    <style type="text/css">
    #intro {font-weight: bold;}
    </style>
</head>
<body>
    <p id="intro"> 这是引用的 ID 样式，字体加粗显示 </p>
</body>
```

（三）在网页中加入 CSS 样式表

在定义好样式表后必须将其加入网页中，才能发挥样式表的作用。将 CSS 样式表加入网页的方法主要有 3 种：链接外部样式表、定义内部样式表和内联样式。

链接外部样式表

1．链接外部样式表

先建立外部样式表文件（.css），然后在 <head> 标记中使用 link 对象进行链接。其形式如下：

```
<head>
<link rel="stylesheet"  type="text/css"  href="mystyle.css" />
```

说明：<link> 标签在文档中声明使用外接资源时使用，href 属性中指明要链接的样式表文件的路径，rel="stylesheet" 表示链接类型为样式表。

外部样式表可以在任何文本编辑器中进行编辑。文件不能包含任何 html 标签。浏览器会从样式表文件读到样式声明，并根据它来格式化文档。mystyle.css 样式表代码如下：

```
hr {color: sienna;}
p {margin-left: 20px;}
body {background-image: url("images/back40.gif");}
```

2．定义内部样式表

当单个文档需要特殊的样式时，就应该使用内部样式表。在 HTML 文档头部（<head> 和 </head> 标记之间）插入 <style>…</style> 标记定义内部样式表，形式如下：

内部样式表

```
<head>
  <style type="text/css">
    hr {color: sienna;}
    p {margin-left: 20px;}
    body {background-image: url("images/back40.gif");}
  </style>
</head>
```

3．内联样式

内联样式是在 HTML 标记内使用 style 属性。形式如下：

```
<p style="color: red; margin-left: 20px">
  This is a paragraph
</p>
```

以上代码能够改变段落的颜色和左外边距。内联样式会损失掉样式表的许多优势，因此只有当样式仅需要在一个元素上应用一次时才使用内联样式。

三、CSS 框模型

1．CSS 框模型概述

CSS 框模型（Box Model）规定了元素框处理元素内容、内边距、边框和外边距的方式。CSS 框模型如图 2-7 所示。

CSS 框模型

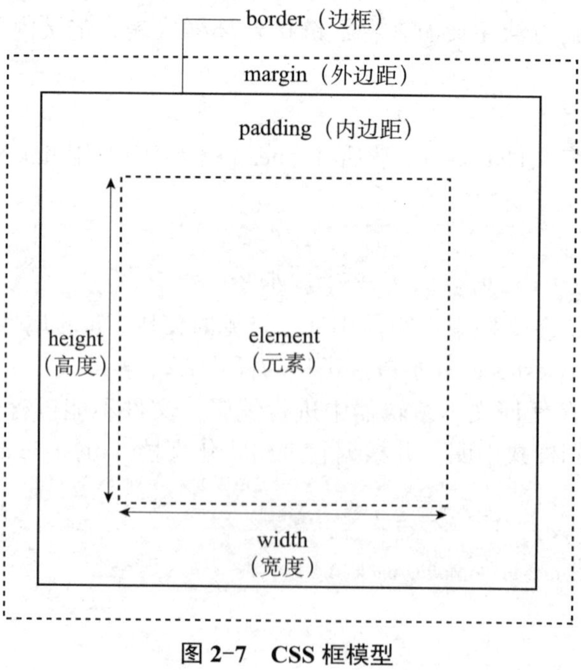

图 2-7　CSS 框模型

元素框的最内部分是实际的内容（element），直接包围内容的是内边距（padding）。内边距的外边缘是边框（border），边框以外是外边距（margin），外边距默认是透明的，因此不会遮挡其后的任何元素。

假设框的每个边上有 10 个像素的外边距和 5 个像素的内边距，边框粗细为 0，如果希望这个元素框达到 100 个像素，就需要将内容的宽度设置为 70 像素，如图 2-8 所示。

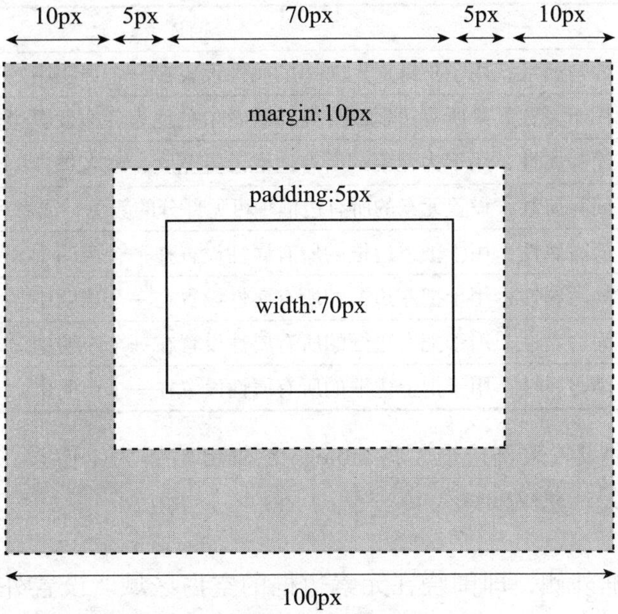

图 2-8　框模型尺寸大小计算示例

ID 选择器 box 代码如下：

```
#box {
  width: 70px;
  margin: 10px;
  padding: 5px;}
```

2. CSS 内边距

元素的内边距在边框和内容区之间。CSS padding 属性定义元素的内边距。padding 属性接受长度值或百分比值。CSS padding 属性的名称及描述见表 2-6。

CSS 内边距

表 2-6　CSS padding 属性的名称及描述

属性	描述
padding-bottom	设置元素的下内边距。
padding-left	设置元素的左内边距。
padding-right	设置元素的右内边距。
padding-top	设置元素的上内边距。
padding	简写属性。在一个声明中设置元素的所有内边距属性。

3．CSS 边框

元素的边框（border）是围绕元素内容和内边距的一条或多条线。CSS border 属性允许规定元素边框的样式、宽度和颜色。CSS 边框常用属性及描述见表 2-7。

CSS 边框

表 2-7　CSS 边框常用属性及描述

属性	描述
border	简写属性，用于把针对四个边的属性设置在一个声明中。
border-style	用于设置元素所有边框的样式，或者单独地为各边设置边框样式。
border-width	简写属性，用于为元素的所有边框设置宽度，或者单独地为各边边框设置宽度。
border-color	简写属性，设置元素的所有边框中可见部分的颜色，或者为 4 个边分别设置颜色。
border-bottom	简写属性，用于把下边框的所有属性设置在一个声明中。
border-left	简写属性，用于把左边框的所有属性设置在一个声明中。
border-right	简写属性，用于把右边框的所有属性设置在一个声明中。
border-top	简写属性，用于把上边框的所有属性设置在一个声明中。

例如，在 CSS 中设置表格边框，将 table、th 和 td 设置为 1 像素、蓝色、细实线边框：

```
table, th, td{border: 1px solid blue;}
```

4．CSS 外边距

外边距位于边框外侧，即围绕在元素边框的空白区域。设置外边距会在元素外创建额外的“空白”。设置外边距的最简单的方法就是使用 margin 属性，这个属性接受任何长度单位（像素、英寸、毫米或 em）、百分数值甚至负值。CSS 外边距属性及描述见表 2-8。

CSS 外边距

表 2-8　CSS 外边距属性及描述

属性	描述
margin	简写属性，在一个声明中设置所有外边距属性。
margin-bottom	设置元素的下外边距。
margin-left	设置元素的左外边距。
margin-right	设置元素的右外边距。
margin-top	设置元素的上外边距。

margin 的具体用法和内边距相同，但 margin 可以设置为 auto。

例如，设置页面的上下外边距为 0，左右外边距为自动分配。

```
body {margin: 0 auto;}
```

注意：当属性值为 0 时，可以省略单位。

例如：为 h1 元素的四个边分别定义了不同的外边距，所使用的长度单位是像素（px）：

```
h1{margin: 10px 0px 15px 5px;}
```

四、CSS 属性

如果想灵活使用 CSS，就要熟悉和理解 CSS 的众多属性，才能使用 CSS 设计出漂亮的网页效果。W3C CSS 2.0 版本中共有 122 个标准属性，在 W3C CSS 3.0 版本中又新增加了 20 多个属性。

CSS 属性分为不同的类型，有背景属性、字体属性、文本属性、边框属性、布局属性、打印属性、定位属性等。下面就 CSS 样式表中与背景及字体相关的属性进行介绍。

CSS 背景属性

（一）背景属性

CSS 背景属性既可以设置背景颜色，也可以设置背景图片。CSS 背景相关属性见表 2-9。

表 2-9　CSS 背景相关属性

属性	属性值	描述
background-attachment	scroll/fixed	定义背景图片是否跟随滚动条一起移动，fixed 表示背景图片不动。
background-color	单词 / 十六进制数 /rgb 三种表示方法	设置元素的背景颜色，其默认值是 transparent。
background-image	图像的 URL	把图片设置为背景。
background-position	长度 / 百分比	定义背景图片的水平和垂直位置。
background-repeat	repeat：水平垂直重复 repeat-x：水平重复 repeat-y：垂直重复 no-repeat：不重复	定义背景图片是否重复及如何重复。默认平铺满。
background	以上 5 个属性值	简写属性，作用是将背景属性设置在一个声明中。

1．背景色

可以使用 background-color 属性为元素设置背景色。这个属性接受任何合法的颜色值。例如，把元素的背景设置为灰色：

```
p{background-color: gray;}
```

2．背景图片

把图片当作背景，需要使用 background-image 属性。background-image 属性的默认值是 none，表示背景上没有放置任何图片。设置一个背景图片，必须为这个属性指定一个 URL 值。

例如，将 img 文件夹下的 bg.jpg 图像作为网页的背景图像，图像在水平和垂直方向上重复。

```
body{background-image:url(img/bg.jpg);background-repeat:repeat; }
```

（二）字体属性

CSS 字体属性定义文本的字体系列、大小、加粗、风格（如斜体）和变形（如小型大写字母），如果不设置字体属性，则字体属性继承父元素。CSS 字体常用属性见表 2-10。

CSS 字体属性

表 2-10　CSS 字体常用属性

属性	属性值	描述
font-family	字体名称（常用）、字体系列	设置字体系列。
font-size	固定值或百分比（相对父元素）	设置字体的尺寸。
font-style	normal：标准效果 italic：斜体（针对部分字体有效） oblique：斜体（针对部分字体有效）	设置字体是否是斜体。
font-variant	normal：默认值 small-caps：所有的小写字母均被转换为大写字母	是否以小型大写字母的字体显示文本。
font-weight	normal/bold/bolder/100/200/300/400/500/600/700/800/900（最粗）	设置字体的粗细。
font	以上 5 个属性值	简写属性，把所有针对字体的属性设置在一个声明中。

例 2-12　将段落内文字设置为华文行楷、14 像素、字体为斜体、英语字体以小型大写字母显示、字体粗细为 500。HTML 文件中一个段落代码如下：

```
<p> 华文行楷、14 像素、字体为斜体、英语字体小型大写字母显示、字体粗细为 500。</p>
```

jw2-2-3.html 文件中的样式代码如下：

```
p {
        font-family: "华文行楷";
        font-size: 14px;
        font-style: italic;
        font-variant: small-caps;
        font-weight: 500;
}
```

五、CSS 实例——设计制作“学校校园风景页面”

1. 学校校园风景页面效果图（如图 2-9 所示）

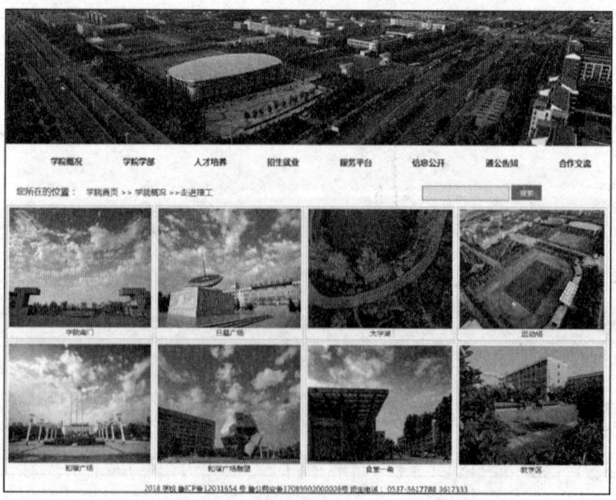

图 2-9　学校校园风景页面效果图

2．页面布局分析

把整个页面看作一个容器 home，并在该容器内依次放置 top、nav、container 和 footer 4 个二级元素，具体设计见表 2-11。

表 2-11　学校校园风景页面元素说明

元素	详细说明
top	img 元素直接实现，图片宽 1 200 像素。
nav	宽 1 200 像素，利用无序列表制作导航菜单。
container	宽 1 200 像素，内置 div、form、无序列表，利用无序列表实现有规则的图像文字布局。
footer	宽 1 200 像素，内置 p 元素。

3．jw2-2-4.html 页面源代码

jw2-2-4.html 页面源代码如下：

```
<!doctype html>
<html>
<head>
<meta charset="utf-8">
<title> 学校校园风景 </title>
<style type="text/css">
#home {
	width: 1200px;
	height: auto;
	margin: 0 auto;
	padding: 0;
	font-size: 14px;
	color: #333;
}
#top, #dh, .nav, #container, #aq, #footer {
	display: block;
	float: left;
	width: 100%;
}
#img-hua {
	display: block;
	float: left;
	padding-right: 100px;
}
.topimg {
	display: block;
	float: left;
	margin-top: 30px;
	margin-left: 20px;
```

```
}
#top p {
    display: block;
    float: left;
    margin-top: 35px;
}
.nav {
    display: block;
    float: left;
    width: 100%;
    padding: 10px 50px;
}
.nav li {
    display: block;
    float: left;
    padding: 0 40px;
    font-size: 16px;
    font-weight: bold;}
.nav li a {
    color: #333;
    text-decoration: none;
}
#dh p {
    display: block;
    float: left;}
#dh span {font-size: 16px;
}
#search {
    display: block;
    float: right;
    width: 320px;
    margin-top: 10px;
    padding-right: 50px;
}
.form-control {
    border: 1px solid #ff6a00;
    height: 25px;
    background-color: #EEE;
}
.btn {
    border: 1px solid #ff6a00;
    height: 30px;
    width: 60px;
```

```
        background-color: #ff6a00;
        color: #FFF;
}
#aq ul {
        display: block;
        float: left;
        width: 1200px;
        height: auto;
        margin: 0;
        padding: 0;
}
#aq li {
        display: block;
        float: left;
        padding: 4px;
        margin: 2px;
        text-align: center;
        border: 1px #CCC solid;
}
#aq li p {margin: 0;}
#aq li a {
        color: #333;
        text-decoration: none;
}
#aq ul img {
        display: block;
        float: left;
        width: 285px;
        height: 240px;
}
#footer P {text-align: center;}
-->
</style>
</head>

<body>
<div id="home"> <img id="top" src="xiaoyuan/top.jpeg" width="1200"/>
    <ul class="nav">
        <li><a href="http://www.sdlgzy.com/xygk/xyjj.htm"> 学院概况 </a></li>
        <li><a href="http://www.sdlgzy.com/xyxb.htm" > 学院学部 </a></li>
        <li><a href="#"> 人才培养 </a></li>
        <li><a href="#"> 招生就业 </a></li>
        <li><a href="#"> 服务平台 </a></li>
```

```
            <li><a href="#"> 信息公开 </a></li>
            <li><a href="#"> 通公告知 </a></li>
            <li><a href="#"> 合作交流 </a></li>
        </ul>
        <div id="container">
            <div id="dh" >
                <p><span style="padding-left:20px; font-size:18px;"> 走进理工您所在的位置: </span><span
    style="padding-left:10px;"> 学院首页 >> 学院概况 >> 走进理工 </span>
                <p>
                <div id="search">
                    <form name="i_search" method="get" >
                        <input name="keyword" type="text" class="form-control" >
                        <button class="btn" type="button" "> 搜索 </button>
                    </form>
                </div>
                </div>
            <div id="aq">
                <ul>
                    <li > <a href="#"> <img src="xiaoyuan/aq11.jpeg"   >
                        <p> 学院南门 </p> </a> </li>
                    <li > <a href="#"> <img src="xiaoyuan/aq12.jpeg"   >
                        <p> 日晷广场 </p></a> </li>
                    <li > <a href="#"> <img src="xiaoyuan/aq13.jpeg"   >
                        <p> 大学湖 </p> </a> </li>
                    <li > <a href="#"> <img src="xiaoyuan/aq14.jpeg"   >
                        <p> 运动场 </p> </a> </li>
                    <li > <a href="#"> <img src="xiaoyuan/aq21.jpeg"   >
                        <p> 和谐广场 </p></a> </li>
                    <li > <a href="#"> <img src="xiaoyuan/aq22.jpeg"   >
                        <p> 和谐广场雕塑 </p></a> </li>
                    <li > <a href="#"> <img src="xiaoyuan/aq23.jpeg"   >
                        <p> 食堂一角 </p> </a> </li>
                    <li > <a href="#"> <img src="xiaoyuan/aq24.jpeg"   >
                        <p> 教学区 </p></a> </li>
                </ul>
            </div>
        </div>
        <div id="footer">
            <p>©2018 学校 鲁 ICP 备 12031654 号 鲁公网安备 37089902000008 号  招生电话: 0537-
3617788  3617333</p>
        </div>
    </div>
    </body>
    </html>
```

小　结

本章主要介绍了 HTML 语言和 CSS 样式表，结合实例详细讲解了 HTML 的文本、段落、图像、超链接、表格、表单等标记，以及讲解了 CSS 样式表属性和引用方法，同时通过 CSS 综合实例运用讲解了 CSS 样式表相关知识。我们要熟练运用表单标记，以及使用 CSS 样式表设计 Web 前端页面，为后续 JSP 技术学习奠定基础。

习　题

一、简答题

1．网页制作常用到的图片格式有哪些？

2．div+css 的布局较 table 布局有什么优点？

3．CSS 的引入方式有哪些？

二、上机实训题

1．使用 HTML 与 CSS 样式设计制作在线报名页面，如图 2-10 所示。

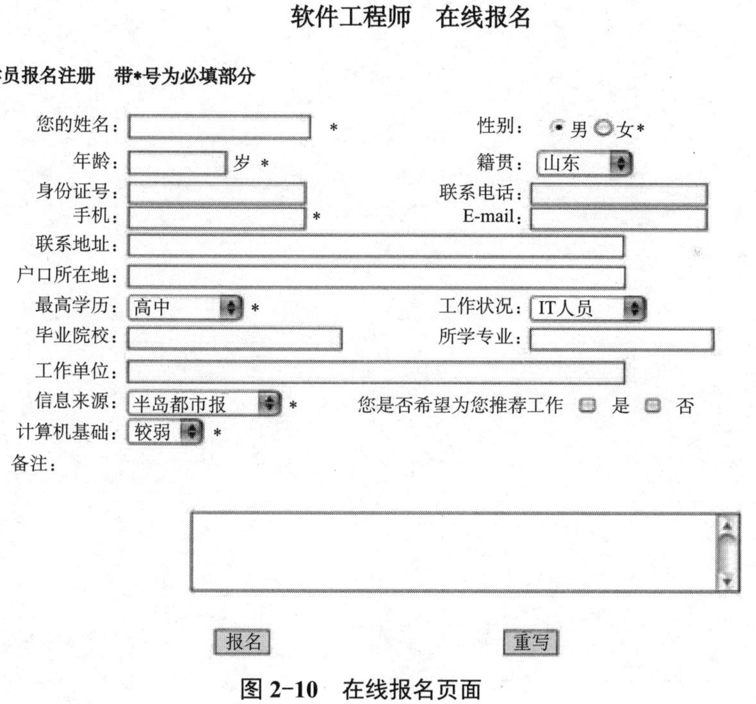

图 2-10　在线报名页面

2．设计一个满屏品字布局页面。

第 3 章

JSP 技术

❑ 学习目标

- 熟练掌握 JSP 指令、动作及脚本元素。
- 熟练掌握 JSP 常用内部对象：request、response、session、application、out 及 exception。
- 了解 JSP 的内部对象 config 和 pageContext。
- 了解 Cookie 的概念，会使用 Cookie 对象。
- 会使用 JSP 技术解决实际问题。

第一节 JSP 简介

JSP（Java Server Pages）是由 Sun 公司主导创建的一种动态网页技术标准，是 Java 语言的 Web 开发技术。JSP 部署于网络服务器上，可以响应客户端发送的请求，并根据请求内容动态地生成 HTML、XML 或其他格式文档的 Web 网页，然后返回给请求者。JSP 技术以 Java 语言作为脚本语言，为用户的 HTTP 请求提供服务，并能与服务器上的其他 Java 程序共同处理复杂的业务需求，主要用于开发企业级 Web 应用，属于 Java EE 技术范围。

JSP 技术是对 Servlet 的扩展，在 HTML 代码中嵌入 Java 代码片段（Scriptlet）和 JSP 标签，构成 JSP 网页。最终 JSP 文件会通过 Web 服务器的 Web 容器编译成一个 Servlet 处理各种请求。

JSP 技术所开发的 Web 应用程序是基于 Java 的，因此，它拥有 Java 语言跨平台的特性、业务代码分离、组件重用、继承 Servlet 功能和预编译等特征。

Web 容器处理 JSP 文件请求的执行过程主要包括以下 4 个步骤：

（1）客户端发出 Request（请求）；

（2）JSP 容器将 JSP 转译成 Servlet 的源代码；

（3）将产生的 Servlet 源代码经过编译后，加载到内存执行；

（4）把结果 Response（响应）至客户端。

第二节 JSP 基本语法

JSP 文件扩展名为 .jsp，JSP 文件的内容包括 HTML 标记、JSP 标记、Java 代码或 JavaScript 脚本等。JSP 标记的语法一般有开始标记、结束标记、属性和内容体，属性的值要使用单引号或双引号括起来，如果属性的值中有双引号还需要使用“\”进行转义。一般情况下，JSP 文件的动态部分都包含在“<%……%>”中。

在第 1 章内容里，我们学习了创建 Web 项目和新建 JSP 文件，因此，本章所建立的 JSP 文件也是存放在一个 Web 项目中，可以在 WebRoot 文件夹继续新建 JSP 文件，也可以在 WebRoot 文件夹下面新建 ch3 文件夹，把本章所有的 JSP 文件放在 ch3 中，方便管理。

一、JSP 注释

JSP 注释

JSP 注释可分为两种：一种是 HTML 注释 <!-- -->，它能够在客户端浏览器显示；另一种是 JSP 特有的注释 <%-- --%>，也称为隐藏注释，客户端看不到，是开发人员专用的。

1．HTML 注释

【语法】<!-- 注释 -->

【功能】发送到客户端 HTML 文本中，可以通过查看源代码看到，并且所有嵌入其中的 JSP 脚本将被编译执行。

例 3-1 HTML 注释测试 htmlcomment.jsp（比较 JSP 文件中的注释部分与客户端的 HTML 页面的源码），源代码如下：

```
<%@ page contentType="Text/html " pageEncoding="UTF-8"%>
<html>
    <body>
        <h3>HTML 注释测试 </h3>
        <!--This ip <%=request.getRemoteAddr()%> -->
    </body>
</html>
```

注意：以下是这个例子运行后返回的 HTML 源代码。

```
<h3>HTML 注释测试 </h3>
<!--This ip 127.0.0.1-->
```

可以看到，HTML 注释在返回的 HTML 源代码中能够看到，并且 HTML 注释中的 JSP 表达式（<%= %>）可以被执行。

2．隐藏注释

【语法】<%-- 注释 --%>

【功能】隐藏注释是 JSP 的标准注释，写在 JSP 程序中，包含在其中的所有内容将被 JSP 编译器忽略，返回的 HTML 源代码中也看不到隐藏注释。

例 3-2 隐藏注释测试 hidecomment.jsp。源代码如下：

```
<%@ page contentType="Text/html " pageEncoding="UTF-8"%>
<html>
  <body>
    <h3> 隐藏注释测试 </h3>
    <%-- 此注释不会在源代码中显示 <%=request.getRemoteAddr( ) %>--%>
  </body>
</html>
```

注意：隐藏注释与 HTML 注释的区别在于 JSP 容器不会对 <%-- 和 --%> 之间的语句进行编译，它不会显示在客户端的浏览器上，也无法从源文件中看到。

以下是执行 hidecomment.jsp 返回的 HTML 源代码：

```
<h3> 隐藏注释测试 </h3>
```

可以看到：隐藏注释的内容并没有被返回。

提示：JSP 页面中除了以上两种注释之外，Java 传统的注释方式，即"//"对单行代码注释和"/* */"对多行代码注释，仍然可以使用。但是，Java 传统的注释方式只能出现在 Java 代码区中。

二、JSP 脚本元素

JSP 脚本元素包括声明、表达式和脚本三部分，下面分别进行学习。

1．JSP 声明

【语法】<%!Java 声明 %>

【功能】声明在 JSP 页面使用的变量和方法。在声明中定义的变量和方法将在 JSP 页面被载入时初始化，JSP 声明中的变量是全局变量。

JSP 声明

例如：

```
<%!int a=0;%>   声明变量 a，并赋初值 0
<%!int x,y,z;%>   声明变量 x,y,z
<%!public int f(int a,int b){if(a>b) return a; else return b;} %> 声明方法 f
```

注意：（1）在 JSP 声明语句中声明的变量和方法在编译为 Servlet 的时候将作为类的属性和方法而存在。类的属性可以被类的所有方法访问，而方法的变量只能被方法本身访问。

（2）声明必须以分号“;”结尾。

（3）可以一次声明多个变量。

（4）声明标记以“<%!”开始，以“%>”结束。

（5）声明区中只能包含属性和方法的声明，不可以直接嵌入 Java 代码片段和使用 JSP 内置对象。

2．JSP 表达式

【语法】<%=expression %>

【功能】通过这个标记直接输出一个表达式的值，如果表达式的值不是 String 类型，则会调用表达式的返回对象的 toString() 方法。

例 3-3 JSP 表达式举例。expression.jsp 源代码如下：

```
<%@ page contentType="Text/html " pageEncoding="UTF-8"%>
<html>
<head><title>JSP 表达式举例 </title></head>
<body>
  <center>
    <p>5 的平方是：<%=Math.pow(5,2)%>
    <p>3*5+8=<%=3*5+8%>
  </center>
<body>
</html>
```

注意：（1）JSP 表达式在运行后自动转换为字符串，因此可以在文本中直接插入表达式；

（2）JSP 表达式只能单独出现，不能在一组“<%”与“%>”之间出现多条语句；

（3）JSP 表达式和普通的 Java 语句不同，不能以分号“;”结尾；

JSP 表达式

（4）“<%=”是表达式的开始标记，“<%”与“=”之间不能有空格。

3．脚本（Scriptlet）

【语法】<% java code %>

【功能】所谓脚本，就是插入 JSP 页面的 Java 代码段。脚本中可以包括任意多行的 Java 代码。在“<%”与“%>”中可以定义变量、方法和输出表达式的数值，还可以使用 JSP 的内置对象。在 JSP 页面转化成 Servlet 的时候，“<%”与“%>”中的内容出现在 _jspService() 方法中。

注意：（1）在脚本中可以声明将要用到的变量或方法，与 JSP 声明一样；

（2）编写符合脚本语言规范的表达式，如同 JSP 表达式一样；

（3）能够使用 JSP 内部对象和 <jsp:useBean> 声明过的对象，编写 JSP 程序；

（4）脚本之间不能嵌套，如 <% <% %> %> 是错误的。

例 3-4 利用 while 语句循环输出 5 个数据。scriptlet.jsp 源代码如下：

```
<%@ page contentType="Text/html " pageEncoding="UTF-8"%>
<html>
<head><title>JSP 脚本的使用 </title></head>
<body>
 <% int i=0;
     while(i<5){
  %>  <!--JSP 脚本中不能包含 JSP 的声明或表达式 -->
  i=<%=i%>
 <% i++;}%>
<body>
</html>
```

从以上可以看出，脚本是 JSP 页面中使用较多的标记，仅仅使用它就可以编写出功能完善的 JSP 程序。

JSP 脚本

三、JSP 指令

JSP 指令不会产生任何内容输出到网页中，主要用来定义整个 JSP 网页相关的信息。例如，在 JSP 文件中设定引入的包、定义错误处理页面，确定网页的编码方式、是否使用 session 等信息。JSP 指令标记以“<%@”符号开始，共有 6 个，即 page、include、taglib、tag、attribute 和 variable，但常用的只有前三个。JSP 指令的语法格式为：

```
<%@ 指令名称 属性 ="值" 属性 n="值 n" ……%>
```

1．page 指令

【语法】<%@ page 属性 1=" 值 1" 属性 2=" 值 2"……%>

【功能】用于定义整个 JSP 页面的相关属性，比如指定所使用的编程语言、所扩展的类及导入的软件包等，这些属性在 JSP 被服务器解析成 Servlet 时会转换为 Java 程序代码。

【属性说明】page 指令包含的属性有 15 个，下面选择一些常用属性进行介绍，见表 3-1。

表 3-1　page 指令属性列表

<table>
<tr><th>属性值</th><th>说明</th></tr>
<tr><td>Language="Java"</td><td>指定要用什么语言来编写 JSP 网页，目前只可以使用 Java 语言。此属性可以不写，如果写，则必须写在脚本和声明前面。</td></tr>
<tr><td>contentType= "text/html;charset=ISO-8859-1"</td><td>指定响应结果的 MIME 类型和网页的编码方式，左侧是默认值。为了正确处理中文字符的乱码问题，我们通常会将属性值设定为“text/html;charset=UTF-8”。</td></tr>
<tr><td>import="java.io.*,java.util*"</td><td>指定当前 JSP 页面导入的 Java 软件包名或类名列表，该列表用逗号分隔。</td></tr>
<tr><td>session= "true|false"</td><td>指定 JSP 页面是否使用 session 隐含对象，默认值为 true，表示该对象有效，false 表示 session 对象不能使用。</td></tr>
<tr><td>info= "text"</td><td>JSP 文件编译时提供的信息，开发人员可以通过 getServletInfo() 方法得到这个属性值。</td></tr>
<tr><td>buffer= "none|8kb|sizekb"</td><td>设定 JSP 页面中 out 对象使用的缓冲大小，默认值为 8kb。</td></tr>
<tr><td>autoFlush= "true|false"</td><td>确定输出流的缓冲区是否要自动清除，默认值为 true。如果 buffer 属性设定为 none，autoFlush 的值就不能设成 false，否则 JSP 文件运行时会抛出异常。</td></tr>
<tr><td>errorPage="relative URL"</td><td>表示如果发生异常，网页会被重新指向哪一个页面。如果地址以“/”开始，则相对于这个应用的根目录；如果没有以“/”开始，则指当前 JSP 页面。</td></tr>
<tr><td>isErrorPage="true|false"</td><td>表示此 JSP 页面是否可作为其他 JSP 页面异常处理页面，默认值为 false。</td></tr>
<tr><td>pageEncoding="characterSet|ISO-8859-1"</td><td>设置当前 JSP 页面向客户浏览器输出内容的字符编码方法。左侧为默认值，为了正确处理中文字符的乱码问题，这个属性值设定为“UTF-8”。</td></tr>
</table>

注意：（1）JSP 中默认的导入列表有：Java.lang.*，Javax.servlet.*，Javax.servlet.jsp.*，Java.servlet.http.*。这四个包已经被隐含引入，包中的类、接口等可以直接使用。

（2）在一个 JSP 页面中，page 指令可以出现多次，但是每一种属性却只能出现一次（import 属性除外），重复的属性设置将覆盖掉先前的设置。

（3）在 page 指令中定义的属性适用于该 JSP 页面以及所有通过 include 指令或者 <jsp:include> 动作包含的静态文件，但是不能用于动态文件。

下面通过几个例子来进一步学习 page 指令的用法。

page 指令用法

例 3-5 演示 info 属性的用法。page_info.jsp 源代码如下：

```
<%@ page info="学习 page 指令的实例"%>
<%@ page contentType="Text/html" pageEncoding="UTF-8"%>
<html>
 <head>
   <title> 使用 page 指令的 info 属性 </title>
 </head>
 <body>
  <%=getServletInfo()%>
 </body>
</html>
```

例 3-5 通过 getServletInfo() 方法，获取了 page 指令 info 属性的值。另外，由于页面中使用了中文，因此必须设置网页的编码方式支持中文，如代码第二行。

例 3-6 演示 import 属性的用法。page_import.jsp 源代码如下：

```
<%@ page import="java.util.*"%>
<%@ page contentType="Text/html " pageEncoding="UTF-8"%>
<html>
 <head>
  <title> 现在是什么时间？ </title>
 </head>
 <body>
  现在是：<%=new Date()%>
 </body>
</html>
```

在例 3-6 中，通过 import 属性将 java.util 包中的所有内容引入当前 JSP 中，这样在用到其中的类（如 Date 类）时，就不需要使用它的全路径了。

例 3-7 演示 errorPage 和 isErrorPage 属性的用法。page_isErrorPage.jsp 源代码如下：

```
<%@ page isErrorPage="true"%>
<%@ page contentType="Text/html " pageEncoding="UTF-8"%>
<html>
 <head>
   <title> 错误提示页面 </title>
 </head>
 <body>
  <%=exception.getMessage()%>
 </body>
</html>
```

第一行表明本页面是错误页面，表示当其他页面的 errorPage 属性的值是本页面时，将调用本页面。另外当 isErrorPage 属性的值为 true 时，隐含的变量 exception 被定义，并且指向源 JSP 文件发生的错误。

page_error.jsp 源代码如下：

```
<%@ page errorPage="page_isErrorPage.jsp"%>
<html>
<head>
 <title> 有错误的页面 </title>
</head>
<body>
 <% int a=5,b=0;
     int c=a/b;
  %>
</body>
```

```
</html>
```

page_error.jsp 文件的 JSP 脚本中，故意犯了被 0 除的错误，因此根据 errorPage 属性的值，由 page_isErrorPage 页面输出了异常信息。

2．include 指令

【语法】<%@ include file="URL 相对路径 " %>

【功能】include 指令设置包含其他文件或代码片段到当前的 JSP 页面中，包含的过程发生在 JSP 页面转化成 Servlet 的时候，这个过程是静态的。所谓静态，是指被包含的内容是增加到 JSP 页面中的。被包含的文件可以是其他 JSP 页面、HTML 页面、XML 文件或文本文件。

下面通过一个例子，进一步体会 include 指令的用法。

例 3-8 使用 include 指令包含另一个 JSP 文件。include.jsp 源代码如下：

```
<%@ page contentType="Text/html " pageEncoding="UTF-8"%>
<html>
  <body>
    <font color = "blue">
    您的 IP 是:
    <%@ include file = "ip.jsp" %>
    </font>
  </body>
</html>
```

ip.jsp 源代码如下：

```
<%=request.getRemoteAddr()%>
```

注意：（1）使用 include 指令，可以把一个复杂的页面分成若干简单的部分，这样大大增加了 JSP 页面的可管理性，减少了开发工作量。当要对页面进行更改时，只需要更改对应的部分就可以了。

（2）include 指令是在 JSP 页面被编译时导入文件的，所以当被包含文件变化的时候，需要重新编译包含的 JSP 页面。因此，如果需要经常改变被包含文件，那么使用 include 指令就不方便了，可以使用 <jsp:include> 来完成这个工作。

（3）路径问题：如果路径以符号“/”开头，则相对于这个 Web 应用的根目录；如果路径以文件名或目录名开头，则该路径是正在使用的 JSP 文件的当前路径。

四、JSP 动作标记

JSP 动作是特殊的标记，通过一个动作可以实现多行 Java 代码实现的效果。JSP 动作标记一共有 14 个，但主要使用的只有 5 个，分别为：include、forward、useBean、getProperty 和 setProperty。下面主要学习 include 和 forward 动作，后面 3 个动作标记都与 JavaBean 有关，将在第四章介绍。

JSP 动作标记

1．<jsp:include> 动作

【语法】<jsp:include page ="{relativeURL} " flush= "true|false"/> 或

<jsp:include page ="{relativeURL} " flush= "true|false"> </jsp:include>

【功能】把指定的静态文件或动态文件包含到当前 JSP 页面中，是动态包含方式。如果包含进来的为静态文件（如 HTML 文件），则内容直接包含到 include 动作所在的位置；如果包含进来的为动态文件（如其他 JSP 文件），则把包含 JSP 网页的输出内容插入包含文件中。使用 include 动作还可以传递参数。

【属性说明】page 属性的值是被包含文件的相对路径。flush="true|false" 表示如果页面的输出内容是有缓冲的，flush 属性的值决定是否 flush，默认值为 false。

例 3-9 include 动作测试。jspinclude.jsp 源代码如下：

```
<%@ page contentType="Text/html " pageEncoding="UTF-8"%>
<html>
  <head>
    <title>jsp:include 动作测试 </title>
  </head>
<body>
<font color = "blue">
```

IP 地址是：

```
<jsp:include page = "ip.jsp" />
<br>
```

静态的 IP 是：

```
<jsp:include page = "ip.html" />
</font>
</body>
</html>
```

ip.html 源代码如下：

```
172.168.100.66
```

ip.jsp 源代码与例 3-8 中的一样。

注意：<jsp:include> 是程序执行时动态导入，当被包含的文件改变，程序运行时就发生相应变化。而 include 指令所包含的文件只能是静态的。

2．<jsp:forward> 动作

【语法】<jsp:forward page ="{relativeURL} " /> 或

<jsp:forward page ="{relativeURL} "></jsp:forward>

【功能】可以由当前的 JSP 页面转向到同一个 Web 应用中的其他 HTML 或 JSP 页面，不能转向到其他 Web 服务器的页面。

【属性说明】page 属性的值表示转向后的页面地址，只能使用相对地址，“/” 指页面所属的 Web 应用的根目录。

例 3-10 forward 动作测试。

forward.jsp 源代码如下：

```
<%@ page contentType="Text/html " pageEncoding="UTF-8"%>
<html>
  <head>
    <title>forward 测试 </title>
  </head>
<body>
```

文件将定向到 newworld.jsp 页面。

这句话被执行了，但是看不到，因为页面重定向到 newworld 页面了：

```
<jsp:forward page = "newworld.jsp" />
```

重定向语句后面的内容将不被执行：

```
</body>
</html>
```

当执行 forward.jsp 页面时，页面将被重定向至 newworld.jsp。newworld.jsp 源代码如下：

```
<%@ page contentType="Text/html " pageEncoding="UTF-8"%>
<html>
  <head>
    <title> 从 forward 页面转至这里 </title>
  </head>
  <body>
    欢迎来到这儿，这是一个全新的世界 !!!
  </body>
</html>
```

提示：使用 <jsp:forward> 动作转向，和下面 Servlet 中常用的转向代码是完全等同的。

```
RequestDispatcher rd=request.getRequestDispatcher("/register.jsp");
rd.forward(request,response);
```

五、JSP 基本语法实例

下面，我们通过一个综合实例，体会 JSP 基本语法的运用。本小节需要新建一个 Web 项目 chapter03，然后直接在 WebRoot 下新建 3 个 JSP 文件：jspSyntax.jsp，header.jsp 和 footer.jsp.。三个 JSP 文件源代码如下：

jspSyntax.jsp 源代码：

```
<%@ page contentType="Text/html " pageEncoding="UTF-8"%>
<%@ include file="header.jsp"%>   <!-- include 指令静态包含 header.jsp 文件 -->
<%!int i=0;
    private int count() {
        i++;
        return i;
    }%>
```

```
<p> 调用 count 方法的返回值是：<%=count()%></p>   <!-- JSP 表达式 -->
<p> 调用 count 方法的返回值是：<%=count()%></p>
<br>
<%
    int j=0;
    j++;
    out.println("j=" + j);
%>
<p> j=<%=j%> </p>
<%@ include file="footer.jsp"%>
```

header.jsp 源代码：

```
<%@ page contentType="Text/html " pageEncoding="UTF-8"%>
<html>
   <head>
       <title>jsp 基本语法实例 </title>
   </head>
  <body>
   <%="欢迎使用 header.jsp 头部文件" %>
   </body>
</html>
```

这是一个被包含的头部文件，通过使用头部文件这种形式，可以统一所有 JSP 页面的头部信息，也能实现快速修改一个 Web 应用的所有 JSP 的头部输出信息。

footer.jsp 源代码：

```
<%@ page contentType="Text/html " pageEncoding="UTF-8"%>
<html>
   <body>
        <a href="http://www.baidu.com"> 百度一下 </a>
   </body>
</html>
```

这是一个被包含的尾部文件。通过使用尾部文件这种形式，既能统一所有 JSP 页面的尾部信息，也能快速修改一个 Web 应用的所有 JSP 的尾部输出信息。

把 chapter03 项目部署到 Tomcat 服务器之后，当服务器启动时，在浏览器的地址栏输入 http://localhost:8080/chapter03/jspSyntax.jsp，运行这个实例，运行结果如图 3-1 所示。

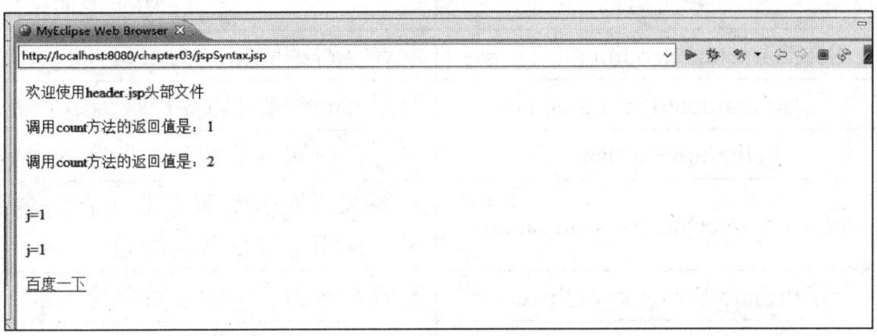

图 3-1　JSP 基本语法实例运行结果

从结果我们可以看出：JSP 声明中定义的变量是针对所有客户的，是全局变量；而 JSP 脚本中定义的变量是局部变量。因此，调用 count 方法的返回值会随着页面的不停刷新而逐渐增长，而局部变量 j 的值不会变化。

第三节　JSP 内置对象

为了方便和简化 JSP 页面开发，JSP 技术提供了 9 个隐含的内置对象，开发人员不需要预先声明和创建实例就可以在脚本代码和表达式中使用。因此，内置对象的含义就是指这些对象已经由 JSP 自动生成好了。JSP 内置对象见表 3-2。

JSP 内置对象

表 3-2　JSP 中的内置对象列表

对象名称	包名	类名	含义
request	javax.servlet.http	HttpServletRequest	请求对象。
response		HttpServletResponse	返回给客户的响应对象。
session		HttpSession	当前会话对象。
application	javax.servlet	ServletContext	Servlet 上下文对象。
config		ServletConfig	Servlet 配置对象。
out	javax.servlet.jsp	JspWriter	响应输出流对象。
pageContext		PageContext	JSP 的上下文对象。
exception	java.lang	Throwable	捕获的异常对象。
page		Object	此 JSP 页面实例引用。

一、request 对象

request 对象封装客户端发出的请求。有关客户端请求的信息，都可以通过 request 对象获得，如请求头、请求方法、请求的参数等内容。request 对象的用法和 Servlet 中的 HttpServletRequest 对象的用法一样。表 3-3 列出了 request 对象的常用方法。

表 3-3　request 对象的常用方法

返回值类型	方法名称	功能说明
void	SetCharacterEncoding("UTF-8")	设置字符编码格式为 UTF-8。
String	getParameter(String name)	返回 name 指定的客户端传给服务器的参数值。
Enumeration	getParameterNames()	取得客户端传给服务器所有的参数名称。
String []	getParameterValues(String name)	取得客户端传给服务器所有的名称为 name 的参数值，常用于取复选框的值。
void	setAttribute(String key,Object obj)	设定名字为 key 的参数值为 obj。
Object	getAttribute(String name)	返回 name 的属性值。

续前表

返回值类型	方法名称	功能说明
HttpSession	getSession(Boolean create)	返回当前 HttpSession 对象，如果不存在，依据 create 的取值新建或返回 NULL。
String	getQueryString()	取得以 get 方法提交数据时的查询字符串。
String	getHeader(String name)	取得名称为 name 的 HTTP 文件头信息。
Enumeration	getHeaderNames()	取得请求对象头信息中指定参数名的所有值。
Int	getServerPort()	返回服务器接收此请求的端口。
String	GetServerName()	返回接收此请求的服务器名称。
String	getProtocol()	取得请求使用的协议类型及版本。
String	GetScheme()	取得请求使用的协议名称。
String	getRemoteAddr()	取得客户端的 IP 地址。
String	getRemoteHost()	取得客户端的主机名称。
int	getRemotePort()	取得客户端的主机端口。
String	getRemoteUser()	取得客户端用户的名称。

例 3-11　使用 request 对象获取表单信息。li311.jsp 源代码如下：

request 对象用法

```
<%@ page contentType="Text/html " pageEncoding="UTF-8"%>
<html>
    <head>
        <title>request 对象获取表单信息 </title>
    </head>
    <body>
        <form name="form1" method="post" action="li311do.jsp">
            用户名：<input type="text" name="user">    <br>
            密码：  <input type="password" name="pwd">   <br>
                    <input type="submit" value="确定">
        </form>
    </body>
</html>
```

【代码说明】第 7～11 行定义表单 form1，提交方式为 post，该文件提交给 li311do.jsp 处理。第 8 行在表单中插入了一个名为 user 的文本框，第 9 行插入了一个名为 pwd 的密码框，第 10 行插入了一个提交按钮，按钮上面显示“确定”。

li311do.jsp 源代码如下：

```
<%@ page import="java.util.Enumeration" %>
<%@ page contentType="text/html" pageEncoding="UTF-8"%>
<html>
    <head>
        <title> 使用 request 对象获取表单信息 </title>
    </head>
    <body>
```

```
<%   request.setCharacterEncoding("UTF-8");
        String user = request.getParameter("user");
        String pwd = request.getParameter("pwd");
    %>
    您输入的用户名是：<%=user%>   <br>
    您输入的密码是：<%=pwd%>      <br>          <br>          <br>
    取得客户端传送给服务器端的所有参数的名称：<br>
    <%
        Enumeration params = request.getParameterNames();
        while (params.hasMoreElements()) {
            String cur_name = (String) (params.nextElement());
            out.println(cur_name + "=" + request.getParameter(cur_name)
                    + "<br>"); }
    %>
  </body>
</html>
```

【代码说明】（1）在第一段脚本中，为了防止页面乱码，设置字符格式支持中文。接着调用 request 对象的 getParameter() 方法来获取参数名为 user 和 pwd 的参数值分别赋给两个字符串变量。

（2）通过 JSP 表达式输出获取的参数值。

（3）第二段脚本中，把所有获取的请求对象中的参数名和值存放到枚举类型变量 params 中，使用 while 循环将参数名和值输出。为了输出更整齐，这里使用了连接符“+”。为了使用 Enumeration 类型，必须在 page 指令中使用 import="java.util.Enumeration" 引入相应的包。

运行结果如图 3-2 所示：

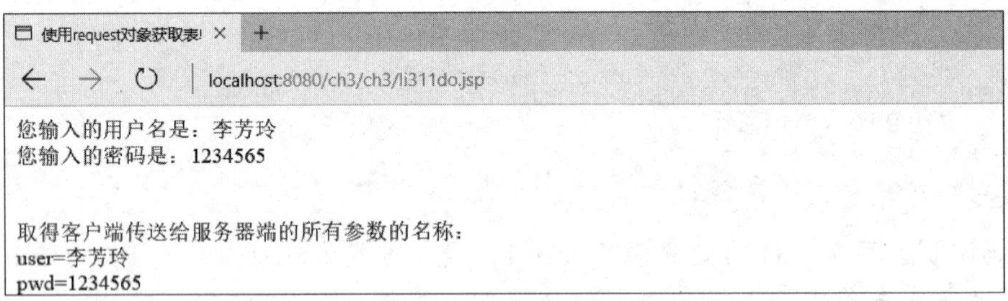

图 3-2　使用 request 对象获取表单结果

例 3-12　使用 request 对象获得服务器端参数。request.jsp 源代码如下：

```
<%@ page contentType="text/html;charset=UTF-8"%>
<html>
    <body>
     <h3>request 对象获得服务器端参数 </h3> <br>
     <font size="4">
    request.getMethod():<%=request.getMethod() %><br>
```

```
        request.getRequestURI():<%=request.getRequestURI() %><br>
        request.getProtocol():<%=request.getProtocol() %><br>
        request.getServletPath():<%=request.getServletPath() %><br>
        request.getServerName():<%=request.getServerName() %><br>
        request.getServerPort():<%=request.getServerPort() %><br>
        request.getRemoteUser():<%=request.getRemoteUser() %><br>
        request.getRemoteAddr():<%=request.getRemoteAddr() %><br>
        request.getRemotHost():<%=request.getRemoteHost() %><br>
        <hr> 正在使用的浏览器：<%=request.getHeader("User-Agent") %>   <hr>
        </font>
    </body>
</html>
```

【代码说明】 例 3-12 主要是调用 request 对象服务器端方法，通过 JSP 表达式显示。运行结果如图 3-3 所示：

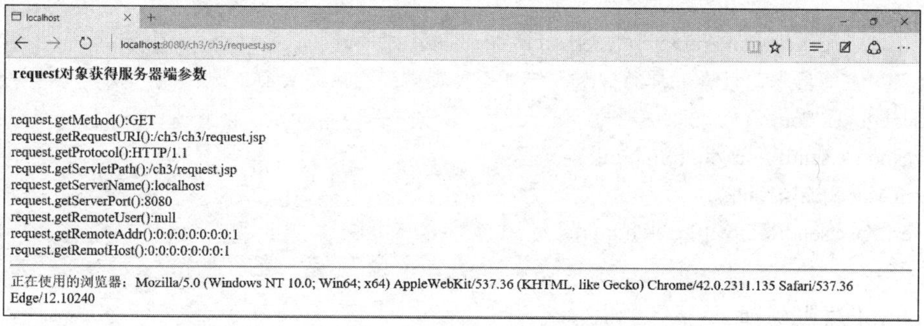

图 3-3 request 对象获得服务器端参数运行结果

二、response 对象

response 对象封装对客户端响应的内容，主要功能是将服务器处理后的结果传回到客户端输出，也常用于与 Cookie 有关的操作及网页的重定向。表 3-4 列出了 response 对象的常用方法。

表 3-4 response 对象的常用方法

方法名称	功能说明
void sendRedirect(URL)	将 response 对象重新定位到另一个页面进行处理，完全跳转到新页面。
void setHeader(String name,String value)	页面定时刷新或跳转。
setContentType(String type)	设置响应的 MIME 类型。
void addCookie(Cookie cookie)	向响应中加入一个 Cookie。
void addHeader(String name,String value)	向响应头中加入一项内容。
void sendError(int sc)	向客户端发送一个代表特定错误的 HTTP 响应状态代码，由 sc 指定。
void sendError(int sc,String msg)	向客户端发送状态码和错误信息。

例 3-13 实现网页重定向。response.html 源代码如下：

response 对象用法

```
<html>
  <head>
    <title> response 对象实现页面重定向实例 </title>
  </head>
  <body>
    <form name="form1" method="post"   action=" response.jsp">
      <p> 用户名：<input type="text" name="username" size="20"></p>
      <p><input type="submit" value="提交" >
    </form>
  </body>
</html>
```

response.jsp 源代码如下：

```
<%@ page contentType="text/html;charset=UTF-8"%>
<%
String user=request.getParameter("username");// 获取用户的选择
// 判断用户的信息，根据用户的信息，把页面重定向到相应的页面
if(user.equals("tom"))
    response.sendRedirect("tom.html");
else if(user.equals("jack"))
    response.sendRedirect("jack.html");
%>
```

tom.html 源代码如下：

```
welcome tom
```

jack.html 源代码如下：

```
welcome jack
```

【代码说明】例 3-13 中包括 3 个 html 文件和 1 个 jsp 文件。第一步，运行 response.html 文件，该文件中包含表单 form1，提交给 response.jsp 处理；第二步，response.jsp 处理请求，根据获取的参数值来重定向网页至 tom.html 或 jack.html。

注意：与 <jsp:forward> 指令区别：使用 response 对象的 sendRedirect() 方法后，浏览器地址栏内的内容为重定向的文件地址；而 <jsp:forward> 指令执行后，浏览器地址栏内的内容不发生变化。

例 3-14 设置页面每隔 10 秒自动刷新。time.jsp 源代码如下：

```
<%@ page contentType="text/html;charset=UTF-8"%>
<html>
  <body>
    <p> 现在的时间是：<%= new java.util.Date() %></p>
    <%response.setHeader("Refresh","10");%>
  </body>
</html>
```

【代码说明】response 对象的 setHeader() 方法不仅可以实现指定时间内自动刷新，而且可以实现指定时间内自动跳转到其他页面。大家可以试一试 5 秒自动刷新并跳转至百度网站：response.setHeader("Refresh","5;URL=http://www.baidu.com")。

例 3-15 设置响应头属性。setContenttype.jsp 源代码如下：

```
<%@ page contentType="text/html;charset=UTF-8"%>
<% String str = request.getParameter("submit");
    if (str == null) {
        str = "";       }
    if (str.equals("yes")) {
        response.setContentType("application/msword;charset= UTF-8");}%>
<html>
    <body bgcolor=green>
        我正在学习 response 对象的 setContentType 方法，将当前页面保存为 Word 文档吗？
        <form method="post" name="form" action="">
            <input type="submit" value="yes" name="submit">
        </form>
    </body>
</html>
```

【代码说明】本例中表单的 action=""，表示本页面自己处理表单。response 对象可以在程序中根据不同需要动态设置 ContentType 属性。常见的 MIME 类型有 Application/pdf（PDF 格式）、Application/msword（Word 文档）、Application/x-msexcel（Excel 表格）、Image/Gif（GIF 图像）、Image/Jpeg（JPEG 图像）、Text/Html（HTML 超文本文件）等。

三、session 对象

session 对象用来保存每个用户信息，在第一个 JSP 页面被装载时由服务器自动创建，完成会话期管理。所谓会话期，是指从一个客户打开浏览器并连接到服务器开始，到客户关闭浏览器离开这个服务器结束为止。当客户在一个会话内，访问一个服务器并且在这个服务器的几个页面之间反复连接、反复刷新一个页面时，服务器需要用 session 对象来记录这是同一个客户。session 对象的生命周期在客户端向该页面发出请求时建立，在 session 对象到期或者被终止时撤销。session 对象的常用方法见表 3-5。

session 对象用法

表 3-5　session 对象的常用方法

方法名称	功能说明
Object getAttribute(String name)	取得保存在 session 中指定名称的属性值。
void setAttribute(String name,Object obj)	把指定名称的属性和值存入 session。
String getId()	返回当前 session 对象的会话 ID。
void invalidate()	关闭会话，取消 session 对象。
long getCreationTime()	返回 session 对象的创建时间，以毫秒计算，从 1970 年 1 月 1 日 0 时算起。

续前表

方法名称	功能说明
long getLastAccessedTime()	返回当前 session 对象最后一次操作的时间，单位是毫秒，从 1970 年 1 月 1 日 0 时算起。
long getMaxInactiveInterval()	取得 session 对象的最长生存时间，若超过这个时间，session 将会失效。
boolean isNew()	判断是否是一个新的 session。
void setMaxInactiveInterval(int interval)	设定 session 对象的超时周期（秒）。设为 -1 时，表示会话永不过期。

例 3-16 使用 session 对象记录表单信息。session.jsp 源代码如下：

```
<%@ page contentType="text/html;charset=UTF-8"%>
<html>
    <head>
        <title>session 对象记录表单信息 </title>
    </head>
    <body>
        <form method="post" action="result.jsp">
            请输入姓名：    <input type="text" name="name">
                            <input type="submit" value="确定">
        </form>
    </body>
</html>
```

【代码说明】session.jsp 要求用户输入姓名并提交至 result.jsp 文件处理。

result.jsp 源代码如下：

```
<%@ page contentType="text/html;charset=UTF-8"%>
<html>
        <body>
        <%request.setCharacterEncoding("UTF-8");
        String u_name=request.getParameter("name");
        session.setAttribute("username",u_name);
    %>
        您的姓名是:<%=u_name %>   <p>
        <form method="post" action="result2.jsp">
            请输入您的账号:<input type="text" name="account" size="10">
                            <input type="submit" value="确定">
                            <input type="reset" value="重置">
        </form>
    </body>
</html>
```

【代码说明】result.jsp 利用 request 对象的 getParameter() 方法获得请求中用户姓名并将姓名存入 session 对象的 username 属性里。使用 JSP 表达式输出姓名后，继续要求用户输入账号，并提交给 result2.jsp。

result2.jsp 源代码如下：

```
<%@ page contentType="text/html;charset=UTF-8"%>
<html>
    <body>
        <%!String account = "";%>
        <%  account = request.getParameter("account");
            String name = (String) session.getAttribute("username");
        %>
        姓名:<%=name%>          <p>
        账号:<%=account%></p>
    </body>
</html>
```

【代码说明】result2.jsp 页面若想获得 session.jsp 表单中的用户姓名信息，只能通过 session 对象保存属性，然后在 result2.jsp 页面中通过 session.getAttribute() 方法来获得。

例 3-17　session 生命周期。sessionlife.jsp 源代码如下：

```
<%@ page contentType="text/html;charset=UTF-8"%>
<html>
    <body>
        <%String s=session.getId();      %>
        Your session object ID is:<%=s %>
        <%      // if session is new, set initial value
    if(session.isNew())
    {session.setMaxInactiveInterval(10);
    session.setAttribute("expire","10");
    out.println("if session is inactive in 10 seconds,expire");
    } else
    { String str_expire_time=(String)session.getAttribute("expire");
      long create_time=session.getCreationTime();
      long current_time=System.currentTimeMillis();
      long exist_time=(current_time-create_time)/1000;
      out.println("session 已存在"+exist_time+"秒 ");
      if(exist_time>=Integer.parseInt(str_expire_time))
      {
      out.println("session 时间已到……自动失效");
            session.invalidate();
      }
    }
    %>
    </body>
</html>
```

【代码说明】（1）session 对象是有生命周期的，通常在 20 至 30 分钟之间。客户通过浏览器连接服务器后生成 session ID，通过 session.getId() 方法可以获得。

（2）本例先使用 isNew() 方法判断该会话是否是新建立的，如果是新建的，使用 setMaxInactiveInterval(10) 方法，设置此会话最长不活动时间为 10 秒，并且新建 expire 属性值为 10。同时输出提示信息："if session is inactive in 10 seconds,expire"（如果 10 秒内会话没有活动，则过期。）

（3）第一次连接服务器后，紧接着刷新一次，此会话就不是新建的了。这时用户会发现 session ID 没有变化，并会告诉用户 session 已存在多少秒。如果超过 10 秒，会输出"session 时间已到……自动失效"。

（4）getCreationTime() 返回值为 long 型，单位是毫秒；System.currentTimeMillis() 方法获得系统当前时间，单位也是毫秒。

四、application 对象

application 对象可将信息保存在服务器中，直到服务器关闭。application 对象能为多个应用程序保存信息，与 session 相比，它的生命周期更长，从服务器启动开始至服务器关闭为止。application 对象的常用方法见表 3-6。

表 3-6　application 对象的常用方法

方法名称	功能说明
Object getAttribute(String name)	取得 application 对象中名为 name 的属性值。
Enumeration GetAttributeNames()	取得所有 Application 对象的属性名称。
void setAttribute(String name,Object obj)	将保存在 application 对象的 name 属性赋值为 obj 对象。
void removeAttribute(String name)	删除保存在 application 对象中的 name 属性。
int getMajorVersion()	取得服务器主要的 Servlet API 版本号。
int getMinorVersion()	取得服务器次要的 Servlet API 版本号。
String getServerInfo()	取得服务器的名称和版本。
String getRealPath("/application1.jsp")	返回某虚拟路径的真实路径。

例 3-18 记录网站被访问次数。application.jsp 源代码如下：

application 对象用法

```
<%@ page contentType="text/html;charset=UTF-8"%>
<html>
  <body>
    <% int num;
      if(application.getAttribute("num")==null)
        {application.setAttribute("num","1");}
        else {
            num=Integer.parseInt((String)application.getAttribute("num"));
            num++;
            application.setAttribute("num",Integer.toString(num));
          }
    %>
```

```
        <h1> 这个页面已经被浏览了 <%=(String)application.getAttribute("num") %> 次        </h1>
    </body>
</html>
```

【代码说明】（1）使用整型变量 num 作为计数器，反复存入（setAttribute()）或取得（getAttribute()）application 对象中 num 属性的值。由于类型不一致，例题中用到了类型转换。

（2）只要服务器没有关闭，网站被访问的次数就会持续增加。读者可以亲自测试一番，更好地体会 application 对象的生命周期。

例 3-19 使用 application 对象获取全局信息。application1.jsp 源代码如下：

```
<%@ page contentType="text/html;charset=UTF-8"%>
<html>
    <head>
        <title>application 获取全局信息 </title>
    </head>
    <body>
    <%out.println("<strong>"+"Java ServletAPI Version:"+"</strong>" application.getMajorVersion()+"."
+application.getMinorVersion()+"<br>");
        out.println("RealPath of application1.jsp is:" +application.getRealPath("/application1.jsp")+"<br>");
        out.println("version and name of web Server is:" +application.getServerInfo());
    %>
    </body>
</html>
```

【代码说明】application 对象类似于系统的“全局变量”，本例使用了 application 对象的 getMajorVersion()、getMinorVersion()、getRealPath() 和 getServerInfo() 方法。读者可以进一步探索 application 对象其他方法的使用。

五、out 对象

out 对象是 JSP 使用最频繁的对象，能把结果输出到网页上。Out 对象的生命周期是当前页面，每一个 JSP 页面都有一个 out 对象。out 对象最常用的方法是 out.println()，在输出的数据后面会自动加上换行的符号。但这个换行只是在输出的 html 代码的换行，在浏览器解析时这个换行将被忽略，要想在页面中实现换行，需要通过 out.println（“<br>”）来实现。out 对象的常用方法见表 3-7。

表 3-7　out 对象的常用方法

方法名称	功能说明
void print()	向客户端浏览器输出各种类型的数据。
void println()	向客户端浏览器输出各种类型的数据并换行。
void clear()	清除输出缓冲区的内容，不将数据输出到客户端。
void clearBuffer()	清除输出缓冲区的内容，并将数据输出到客户端。
void close()	关闭输出流。

续前表

方法名称	功能说明
int getBufferSize()	取得目前缓冲区的大小，单位为 KB。
int getRemaining()	取得缓冲区未占用空间大小，单位为 KB。
boolean isAutoFlush()	表示如果缓冲区满了是否会自动清除。page 指令 autoFlush 属性若为 true，则会自动清除；若为 false，则不自动清除且会产生异常处理。可以用 <@page autoFlush="true/false"%> 来设置。

例 3-20 out 对象缓冲区设置。out1.jsp 源代码如下：

```
<%@ page contentType="Text/html " pageEncoding="UTF-8"%>
<%@ page buffer="1KB" autoFlush="true"%>
<html>
    <head>
        <title>out 与 buffer</title>
    </head>
    <body>
        <% out.println("hello!"+"<br>");
            out.clear();
            out.println("How are you?"+"<br>");
            out.println("BufferSize of the Out Object is:"+out.getBufferSize()+"<br>");
            out.println("Remain of BufferSize is:"+out.getRemaining()+"<br>");
        %>
        <% for(int i=0;i<1500;i++)
            out.print("c");
        %>
        <%=out.isAutoFlush() %>
    </body>
</html>
```

【代码说明】 page 指令设置缓冲区（buffer）大小为 1KB，并且如果缓冲区满，则自动清除。

六、exception 对象

JSP 文件执行时若发生错误则会产生异常，这些异常信息封装于 exception 对象。exception 对象并不是在每一个 JSP 页面中都能够使用。若要使用 exception 对象，则必须在 page 指令中设定 <%@ page isErrorPage="true"%>，否则在编译时会产生错误。本章例 3-7 演示了 isErrorPage 属性的使用，读者可以在例题的基础上尝试 exception 对象中方法的使用，这里不再赘述。exception 对象的常用方法见表 3-8。

表 3-8 exception 对象的常用方法

方法名称	功能说明
String getMessage()	返回描述错误信息的字符串。
void printStackTrace()	以标准错误的形式输出一个错误及栈轨迹。
String toString()	以字符串的形式返回一个对异常的描述。

七、其他内部对象

1．config 对象

config 对象提供了对每一个给定的服务器程序及 JSP 页面的 ServletConfig 对象的访问，该对象封装了初始化参数以及使用方法。config 对象的常用方法见表 3-9。

表 3-9　config 对象的常用方法

方法名称	功能说明
getInitParameter(String name)	返回指定初始参数的值，没有则返回 NULL。
getInitParameterNames()	返回所有初始参数的名称。
getServletName()	返回正在调用的 Servlet 的名称。
getServletContext()	返回正在调用的 Servlet 的环境信息。

例 3-21 使用 config 对象获取参数值。config.jsp 主要源代码如下：

```
<% Enumeration para=config.getInitParameterNames();
      while(para.hasMoreElements())
      { String pname=(String)para.nextElement();
         out.println(pname+"="+config.getInitParameter(pname)+"<br>");
      }
%>
```

【代码说明】该例首先使用 config 对象的 getInitParameterNames() 方法得到所有初始参数名称，在 while 循环中使用 getInitParameter() 方法得到所有初始参数的值并输出。

2．pageContext 对象

pageContext 对象不仅能够获取其他 8 个隐式对象，而且能够通过操作属性来存储数据。pageContext 对象获取隐式对象及操作属性相关方法见表 3-10。

表 3-10　pageContext 对象获取隐式对象及操作属性相关方法

方法名称	功能说明
ServletRequest getRequest()	返回当前的 Request 对象。
ServletResponse getResponse()	返回当前的 Response 对象。
HttpSession getSession()	返回当前的 Session 对象。
Exception getException()	返回当前的 Exception 对象。
Object getAttributeNamesInScope()	返回所有指定范围的属性名。
void setAttribute(String name,Object obj,int scope)	设置 pageContext 对象的属性。
Object getAttribute(String name,int scope)	获取 pageContext 对象的属性。
void removeAttribute(String name,int scope)	删除指定范围内名为 name 的属性。
Object findAttribute(String name)	从 4 个域对象中查找名为 name 的属性。

pageContext 对象的作用范围有 4 个值，具体如下：

（1）pageContext.PAGE_SCOPE：表示页面范围。

（2）pageContext.REQUEST_SCOPE：表示请求范围。

（3）pageContext.SESSION_SCOPE：表示会话范围。

（4）pageContext.APPLICATION_SCOPE：表示 Web 应用程序范围。

3．page 对象

page 对象是 JSP 文件产生的类对象，更准确地说，它代表 JSP 被转译后的 Servlet，因此，它可以调用 Servlet 类所定义的方法。预先设定 page 指令的 info 属性，调用 page 对象的 getServletInfo() 的方法将输出 info 属性值。

第四节　Cookie

一、Cookie 概述

Cookie 是在 HTTP 协议下，服务器维护客户端上信息的一种方式。浏览器与 Web 服务器之间是使用 HTTP 协议进行通信的，当用户发出页面请求时，Web 服务器只是简单地进行响应，然后就关闭这个连接，并不记录这次连接的状态。因此当一个页面请求发送到 Web 服务器时，无论该用户是否是第一次来访，服务器都会把它当作是第一次来对待，这种实现方法简单而有效，但在需要保存连接状态的情况下有着明显的缺陷，Cookie 可以有效地解决这个问题。

Cookie 实际上是 web 服务器保存在用户硬盘上的一段纯文本信息，文件名通常为 cookies.txt。当用户访问某个 Web 服务器时，Web 服务器将要求浏览器查找并返回先前发送给浏览器的 Cookie 信息来识别上次连接的状态。Cookie 对象通常在浏览器端保存连接过程中的一些参数，比如用户名和密码等。

Cookie 就是为了用户方便，为了网站增值，不会造成严重的安全威胁。浏览器一般只允许存放 300 个 Cookie，每个站点最多存放 20 个 Cookie，每个 Cookie 的大小限制为 4KB，因此 Cookie 不会塞满用户的硬盘，更不会被用作“拒绝服务”攻击手段。

二、Cookie 的基本操作

Cookie 是以“关键字 = 值”（key=value）的格式来保存记录的，其基本操作包括创建、传送和读取 Cookie 对象。

Cookie 的基本操作

1．创建 Cookie 对象

调用 Cookie 对象的构造函数可以创建 Cookie。Cookie 对象的构造函数有两个字符串参数：Cookie 名字和 Cookie 值。创建 Cookie 的语法格式如下：

```
Cookie cookie=new Cookie("mycookie"," cookie-test ");
```

2．传送 Cookie 对象

在 JSP 中，将封装好的 Cookie 对象传送到客户端，可以使用 response 对象的 addCookie() 方法，参数就是要传送的 Cookie 对象。Cookie 对象的语法格式如下：

```
response.addCookie(cookie);
```

3．读取 Cookie 对象

读取保存到客户端的 Cookie 对象，需要使用 request 对象的 getCookies() 方法。读取时将所有客户端传来的 Cookie 对象以数组的形式排列，如果要取出符合需要的 Cookie 对象，一般使用循环比较数组内每个对象的关键字。基本方法如下：

```
Cookie[] cookie=request.getCookies();
if(cookie!=null)
{
for(int i=0;i<cookie.length;i++)
{
String name=cookie[i].getName();
if(name.equals("num"))
{String num=cookie[i].getValue();}
```

三、使用 Cookie 对象举例

我们将通过两个例子来学习 Cookie 对象的运用。

例 3-22 创建、传送并读取 Cookie。writecookie.jsp 源代码如下：

```
<%@ page contentType="Text/html " pageEncoding="UTF-8"%>
<html>
    <body>
        <%      try{
                Cookie cookie=new Cookie("mycookie","cookie-test");
                cookie.setMaxAge(10*60);
                response.addCookie(cookie);
                out.print("已经把 cookie 写入客户端");
                }
                catch(Exception e)
            {System.out .println(e);}
        %>
    </body>
</html>
```

【代码说明】本例执行后，在用户 C 盘上能够找到 Cookie 文件。setMaxAge(10*60) 方法设置 cookie 的有效时间为 600 秒。

例 3-23 使用 Cookie 制作网页计数器。cookieExample.jsp 源代码如下：

```
<%@ page contentType="Text/html " pageEncoding="UTF-8"%>
<html>
  <body>
    <%
      int n=0;
      Cookie[] cookie=request.getCookies();
```

```
            if(cookie!=null)
            {for(int i=0;i<cookie.length;i++)
                {String name=cookie[i].getName();
                if(name.equals("num"))
                  {String num=cookie[i].getValue();
                      n=Integer.parseInt(num)+1;
                      num=new Integer(n).toString();
                      out.println("您是第"+num+"次访问本页面");
                      cookie[i].setValue(num);
                      response.addCookie(cookie[i]); } }
            }
            if(n==0)
            {out.println("您是第 1 次访问本页面");
                Cookie mycookie=new Cookie("num","1");
                mycookie.setMaxAge(30*24*60*60);
                response.addCookie(mycookie);
            }
        %>
    </body>
</html>
```

【代码说明】本例是从客户的角度记录每位客户访问某网站的次数。读者可与例 3-18 记录网站被访问次数进行比较。

小　结

本章主要介绍 JSP 的基本语法、内部对象和 Cookie 对象，结合实例详细介绍 JSP 的注释、指令、脚本元素和动作标记的用法，尽可能全面列举内部对象的常用方法和 Cookie 的使用。本章知识和技能点都比较多，我们应该多看多练，熟练掌握 JSP 技术，为将来胜任 Web 应用开发前端工作打下坚实的基础。

习　题

一、填空题

1．JSP 的________对象用来保存单个用户访问的一些信息。

2．response 对象的________方法可以将当前客户端的请求转到其他页面。

3．response.setHeader("Refresh","10") 的功能是指页面刷新时间为________。

4．封装客户端请求的对象是________。

5．将封装好的 Cookie 对象传送到客户端，可以使用 response 对象的________。

二、思考题

1．简述在 JSP 文件中 HTML 注释和隐藏注释的区别。

2．简述 JSP 页面的构成。

3．简述 request 对象和 response 对象的作用。

4．如何在客户端正确显示表单提交的中文?

5．内置对象的作用范围有哪些?

6．什么情况下 session 会关闭?

7．如何使用 request、session 和 application 对象存取参数?

8．如何创建、传送和读取 Cookie?

三、上机实训题

1．编写 JSP 程序，在网页上输出下面的图形：

```
*
* *
* * *
* * * *
* * * * *
```

2．编写一个显示“九九乘法口诀表”的 JSP 程序，并要求在程序中对语句进行适当的注释说明。

3．利用动作元素 <jsp:forward> 编写一个页面跳转的小程序，并对语句进行适当的注释说明。

4．使用 page 指令，编写一个 JSP 页面 lian.jsp，出现错误时跳转至 tiao.jsp 页面。

5．使用 page 指令，编写一个缓存溢出的 JSP 页面 buffer.jsp。

6．利用所学的 JSP 及 Java 语言知识，实现一个简易留言板，可以在留言板上留下自己的姓名、邮箱和留言，如图 3-4、图 3-5 和图 3-6 所示。

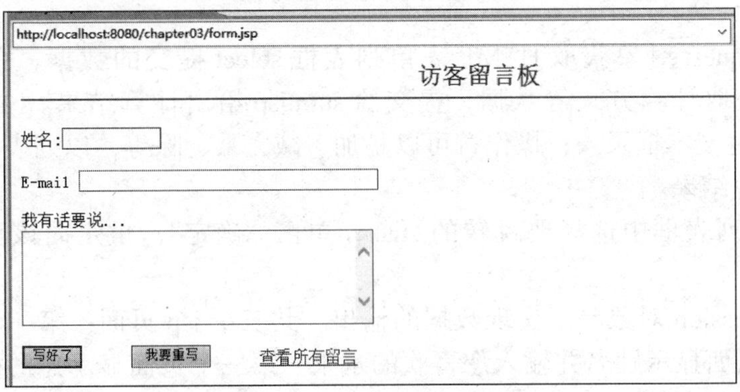

图 3-4　form.jsp 页面效果图

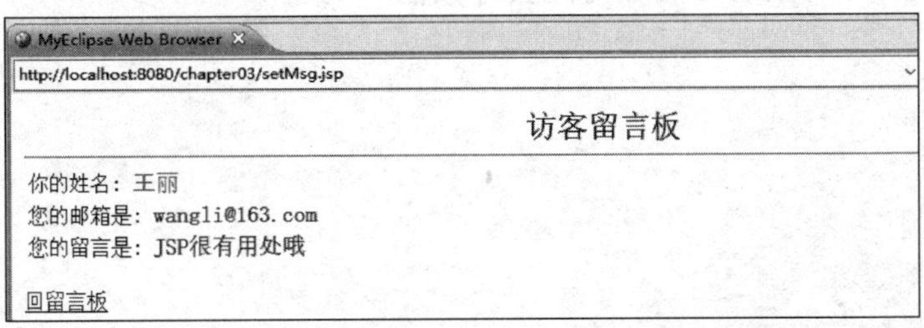

图 3-5　setMsg.jsp 接收表单信息并显示页面效果图

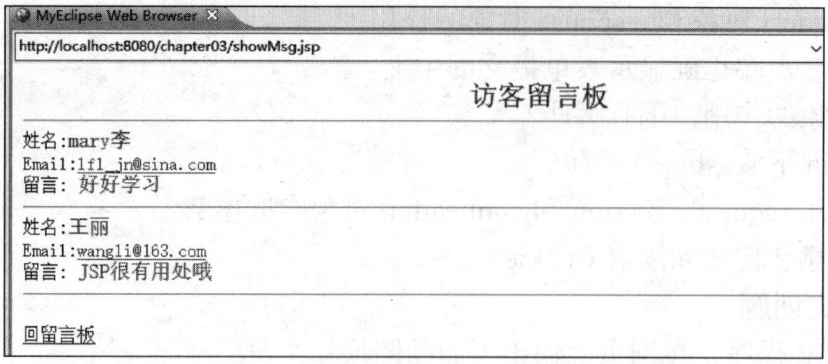

图 3-6　showMsg.jsp 页面显示所有留言效果图

7. 使用 request 对象获取 HTML 表单单选按钮 radio 提交的数据。完成的功能是从 radio.jsp 页面获取选择的答案数据，提交给 answer.jsp 给出得分。（提示：如图 3-7 所示，可以设计一份只包括单选题的测试卷，在提交答案后给出相应得分。）

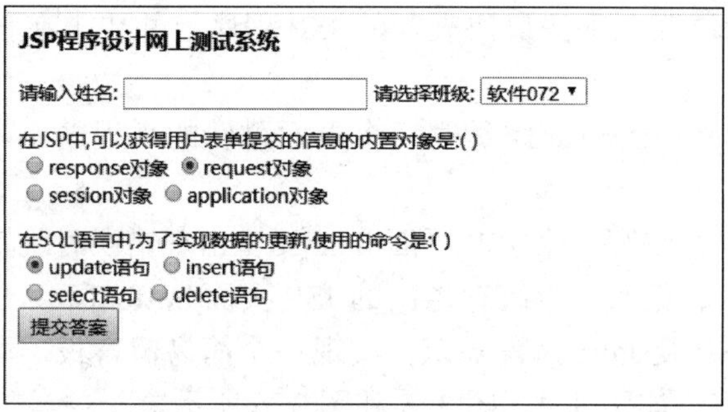

图 3-7　表单实现网上测试效果图

8. 使用 request 对象获取 HTML 表单列表框 select 提交的数据。完成的功能是从 select.jsp 页面获取计算方式等数据，提交给 sum.jsp 给出计算结果。（提示：比如设计 3+5=？数据通过文本框录入；操作符可以是加、减、乘、除等，以列表框呈现，最后由 sum.jsp 显示计算结果。）

9. 从下拉列表框中选择要跳转的页面，单击“确定”，重定向该页面，内容自己设计。

10. 使用 session 对象等，实现数据的输出。共三个 jsp 页面：第一个页面输入您的姓名，第二个页面显示姓名并输入您喜欢的水果，第三个页面显示您的姓名和您喜欢的水果。

11. 使用 session 对象的方法编写网页计数器。

第 4 章

JavaBean 技术

❑ 学习目标

- 了解 JavaBean 的组成、属性类型和开发要求。
- 掌握 JSP 页面中 JavaBean 相关标签的使用。
- 理解 Java Web 设计模式的思想。
- 学会 JSP+JavaBean 设计模式开发 Web 项目。

第一节　JavaBean 简介

一个基本的 Java Web 页面是由普通的 HTML 标签和 Java 程序片段组成，一旦页面中包含有大量的 Java 程序片段，就使得页面混杂，不易维护，也不利于页面设计人员和 Java 程序员的分工协作。为此，Sun 公司提倡将有关业务处理和持久数据操作的有关 Java 代码封装到一个或多个特定的 Java 类即 JavaBean 中来完成，当页面要使用时，只要调用 JavaBean 组件来执行用户所要的功能，在页面只需编写几条调用 JavaBean 的代码即可。

JavaBean
简介

一、什么是 JavaBean

JavaBean 是一种 Java 语言写成的可重用组件。JavaBean 分为两类：一类是可视化 JavaBean，能接收用户的键入或点击并响应用户事件；一类是非可视化 JavaBean，主要是负责处理事务的 JavaBean。

JavaBean 更多地应用在非可视化领域，用来封装应用系统中的业务逻辑、数据处理、数据库访问和其他任何可以用 Java 代码创建的对象，并且其他开发者可以在 Web 页面、Servlet 和其他 JavaBean 中使用这些对象，而不用关心 JavaBean 内部的具体实现，实现业务逻辑和前台程序的分离。

二、JavaBean 的优点

概括地说，在 Java Web 开发中使用 JavaBean 有以下几个优点：

（1）可实现较高的模块独立性，易于维护、使用、编写：实现事务逻辑的封装，通过 JavaBean 的组合可以快速生成新的应用程序。

（2）提高了代码的可复用性：对于通用的事务处理逻辑都可以封装在 JavaBean 中，通过调用 JavaBean 的属性和方法可快速进行程序设计。

（3）可移植性强：JavaBean 的最大优点就是能够一次编写、多次使用，而且能够运行在任何 Java 虚拟机上，而不需要重新编译。

（4）支持分布式运用，不限于是本地还是网络：可以将 JavaBean 表示的项目信息封装在一个简单的 bean 对象中，然后将这个 bean 传递给另一个组件，从而一次性地把有关信息提供给该组件。

（5）可以以其他部件的模式进行工作，如应用在 MVC 模式中。

三、JavaBean 的开发要求

在项目开发中，JavaBean 不是独立的，外部环境和其他组件要访问 JavaBean 中的属性，调用它提供的一些服务。因此，JavaBean 的开发必须遵循以下基本规范：

（1）所有的类必须放在一个包中，不允许空包（default）存放类。

（2）所有的类必须声明为 public，这样才能够被外部访问。

（3）类中所有属性都必须封装，使用 private 声明。

（4）封装的属性如需被外部操作，必须编写对应的 setter、getter 方法。

（5）一个 JavaBean 中至少存在一个无参构造方法。

创建一个 JavaBean

例 4-1　创建一个 JavaBean 类，该类表示了对一个学生信息的封装。

```
public class Student {
    long num;
    String name;
    int age;
    String sex;
    public long getNum() {
        return num;
    }
    public void setNum(long num) {
        this.num = num;
    }
    public String getName() {
        return name;
    }
    public void setName(String name) {
        this.name = name;
    }
    public int getAge() {
        return age;
    }
    public void setAge(int age) {
        this.age = age;
    }
    public String getSex() {
        return sex;
    }
    public void setSex(String sex) {
        this.sex = sex;
    }
}
```

上述 Student 类中只包含属性和属性对应的 setter 和 getter 方法，那么这种类就称为简单 JavaBean。

四、JavaBean 的组成

一个 JavaBean 由 3 部分组成：

1．属性（properties）

JavaBean 提供了高层次的属性概念，属性在 JavaBean 中不只是传统的面向对象概念里的属性，它同时得到了属性读取和属性写入的 API 的支持。

2．方法（method）

JavaBean 中的方法就是通常的 Java 方法。JavaBean 严格遵守面向对象的类设计逻辑，不让外部世界访问其任何属性，方法调用是接触属性的唯一途径。

3．事件（event）

事件为 JavaBean 组件提供了一种发送通知给其他组件的方法。当事件源检测到发生了某种事件时，它将调用事件监听器对象中的一个适当的事件处理方法来处理这个事件。

例 4-2 一个圆的 JavaBean 定义如下：

```
public class CircleBean implements java.io.Serializable {
    private double r;
    public void Circle()
    {
        r = 0.0;
    }
    public double getRadius() {
        return r;
    }
    public void setRadius(double r) {
        if (r > 0)
            this.r = r;
        else
            r = 0.0;
    }
    public double getArea() {
        return Math.PI * r * r;
    }
    public double circleLength() {
        return 2.0 * Math.PI * r;
    }
}
```

从上面的程序我们可以看出：字段 r 和属性 Radius 的名可以不同，一般来说两者采用相同的名称。属性的 getter 和 setter 方法的属性名必须相同，且第一个字母都要大写，若 getter 和 setter 方法中的属性名不相同，则不是它们对应的同一个属性。属性可以为只读或只写，如面积属性 Area 就是只读属性。例 4-2 中的方法 circleLength() 不是属性的方法，因为命名不符合属性读写的命名规范。

五、JavaBean 的属性类型

在 JavaBean 设计中，按照属性的不同作用，JavaBean 的属性又细分为四类：简单属性、索引属性、绑定属性和约束属性。

1．简单属性（Simple）

一个简单属性就是非集合类型的属性，属性的数据类型可以是任何合法的 Java 类型。一个简单属性通常表示一个伴随有 getter 和 setter 方法的字段，如例 4-2 中的 getRadius 和 setRadius，其属性类型为 double。

2．索引属性（Indexed）

索引属性就是获取和设置数组（或集合）时的属性。索引属性一般具有 getter 和 setter 方法。

例 4-3 利用字符串数组统计用户爱好的信息。

```
import java.io.Serializable;
public class UserBean implements Serializable {
    private String[] likes = null;
    public String[] getLikes() {
        return likes;
    }
    public void setLikes(String[] likes) {
        this.likes = likes;
    }
}
```

3．绑定属性（Bound）

绑定属性也称关联属性，它是指当该种属性的值发生变化时，要通知其他对象。这种事件被传递到其他 JavaBean，并且由接收事件的 JavaBean 决定所要执行的动作，当修改一个关联属性时，可以在相关的监听器上触发属性修改事件。

4．约束属性（Constrained）

约束属性是指当这个属性的值要发生变化时，与这个属性已建立了某种连接的其他 Java 对象可否决属性值的改变。

第二节 在 Web 页面中使用 JavaBean

JavaBean 作为组件不仅被广泛地应用在服务器的编程中，也可以在 Java Web 页面中使用。使用 JavavBean 有两种方法：一种是在页面中通过 page 指令导入 JavaBean 所在包，使用 new 操作符显示地创建 JavaBean 对象，和使用普通的 Java 类是一样的调用方法；另一种是利用 <jsp:useBean>、<jsp:setProperty> 和 <jsp:getProperty> 动作标签访问 JavaBean。

一、<jsp:useBean> 标签访问 JavaBean

创建一个 JavaBeanTest.jsp 文件，借助 JSP 语法的支持，页面使用 <jsp:useBean> 标签，将 javaBean 对象存储在指定的 page 域中。

```
<body>
    <jsp:useBean id="stu" class="com.chapter4.Student" scope="page"></jsp:useBean>
    <%=((Student)pageContext.findAttribute("stu")).getName()%>
</body>
```

当服务器上某个含有 <jsp:useBean> 动作元素的页面被加载执行时，首先根据 ID 给出的 JavaBean 的名字，在 scope 范围查找是否有这个名字的属性。检测指定的域中是否包含指定的属性名的对象，如果有则直接获取对象的引用，如果没有则先创建一个该类的对象。由于 pageContext 对象可以操作各个范围的属性，因此实际上 JavaBean 的查找和绑定都是通过 pageContext 对象来完成的。如果没有指定 JavaBean 的范围，则默认范围是 page。

在 Web 页面中使用 JavaBean

<jsp:useBean> 标签的常用语法格式：

格式 1：<jsp:useBean id="bean引用名" class="bean的全类名" scope="域范围"/>

其中：

id 属性：用作在指定域范围内保存的属性名，并且是 JavaBean 实例对象的变量名。

class 属性：用于指定 JavaBean 的完整类名，JSP 引擎将使用这个类名来创建 JavaBean 的实例对象。

scope 属性：用于指定 JavaBean 实例对象所存储的域范围，其可选定范围是：page、request、session、application，默认为 page。page、request、session、application 的含义和作用见表 4-1。

表 4-1　page、request、session、application 的含义和作用

取值	含义和作用
page	表示将 JavaBean 实例对象存储在 pageContext 对象中，该 JavaBean 对象仅能被当前包含 <jsp:useBean> 标签的 JSP 页面的当前请求的响应过程中调用的各个组件访问。
request	表示将 JavaBean 实例对象存储在 ServletRequest 对象中，该 JavaBean 对象可以被属于同一个请求的所有 JSP 页面和 Servlet 访问。
session	表示将 JavaBean 实例对象存储在 HttpSession 对象中，该 JavaBean 对象可以被属于同一个会话的所有 JSP 页面和 Servlet 访问。此设置要求当前 JSP 页面必须支持 Session，即在 JSP 页面的 <%@ page %> 指令中不能将 session 设为 false（即 session=true）。
application	表示将 JavaBean 实例对象存储在 ServletContext 对象中，该 JavaBean 对象可以被同一个 Web 应用程序中的所有 JSP 页面和 Servlet 访问。

<jsp:useBean> 的含义可以用下面的代码来理解：

```
Object beanName = pageContext.getAttribute("beanName", SCOPE);
if(beanName==null){
    Object bean = new package.BeanClassName();
    pageContext.setAttribute("beanName", bean, SCOPE);
}
```

例 4-4 显示学生信息案例

例 4-4　在 input.html 页面中输入学生信息，然后提交到 show.jsp 中，在 show.jsp 页面得到学生信息，并将结果显示在页面中。

编写 input.html 页面源代码如下：

```
<html>
  <head>
    <title>input.html</title>
    <meta http-equiv="Content-Type" content="text/html; charset=gbk">
  </head>
  <body>
    <form action="show.jsp" method="post">
      学号：<input type="text" name="num"><br>
      姓名：<input type="text" name="name"><br>
      年龄：<input type="text" name="age"><br>
      性别：<input type="text" name="sex"><br>
      <input type="submit" value="提交">
    </form>
  </body>
</html>
```

编写 show.jsp 页面源代码如下：

```
<%@ page language="java" import="java.util.*" pageEncoding="gbk"%>
<html>
    <body>
        <jsp:useBean id="stu" class="com.chapter4.Student" scope="page" />
        <%
        request.setCharacterEncoding("GBK");
        String num=(String)request.getParameter("num");
        stu.setNum(Long.parseLong(num));
        String name=(String)request.getParameter("name");
        stu.setName(name);
        String age=(String)request.getParameter("age");
        stu.setAge(Integer.parseInt(age));
        String sex=(String)request.getParameter("sex");
        stu.setSex(sex);
        %>
        <h2>
            学号：<%=stu.getNum()%></h2>
        <h2>
            姓名：<%=stu.getName()%></h2>
        <h2>
            年龄：<%=stu.getAge()%></h2>
        <h2>
            性别：<%=stu.getSex()%></h2>
    </body>
</html>
```

浏览器中输入 http://localhost:8080/JavaBeanProject/javabean/input.html，输入学生信息后单击提交，show.jsp 输出学生信息内容，如图 4-1 所示。

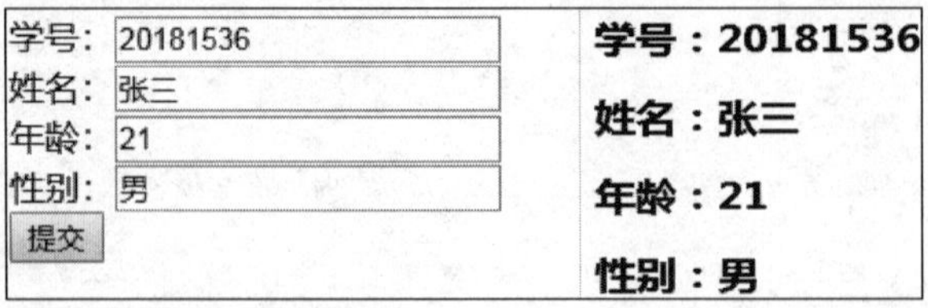

图 4-1　input.html 输入学生信息和 show.jsp 显示输出结果

查看 show.jsp 页面所生成的 Servlet 源文件，可看到 <jsp:useBean> 标签转译成的 Java 代码如下：

```
com.chapter4.Student stu = null;
stu= (com.chapter4.Student) _jspx_page_context
.getAttribute("stu",javax.servlet.jsp.PageContext.PAGE_SCOPE);
if (stu == null){
    stu = new com.chapter4.Student();
    _jspx_page_context.setAttribute("stu", stu, javax.servlet.jsp.PageContext.PAGE_SCOPE);
}
```

二、<jsp:setProperty> 设置 JavaBean 属性

用 setProperty 设置 JavaBean 属性

在例 4-1 中，JavaBean 的属性设置是由手工编码完成的，我们既需要获取请求参数，也需要进行参数类型转换，显然太过麻烦。为了简化这些工作，我们可以使用 <jsp:setProperty> 动作。<jsp:setProperty> 标签用于设置 JavaBean 对象的属性，其使用语法如下：

格式 1：<jsp:setProperty name="bean 引用名 " property="*"/>

格式 2：<jsp:setProperty name="bean 引用名 " property="Bean 属性名 "/>

格式 3：<jsp:setProperty name="bean 引用名 " property="Bean 属性名 " value=" 属性值 "/>

（1）name 属性不可省略，它用于指定 JavaBean 实例对象的名称，而且其值必须与 <jsp:useBean> 标签的 id 属性的值一致。

（2）property 属性不可省略，它用于指定 JavaBean 实例对象的特定属性的属性名。当取值为 "*" 时，JSP 容器会自动将 request 中与 JavaBean 中的同名属性赋值。

（3）value 属性可以省略，若使用该属性则用该属性的值为 JavaBean 的属性赋值；这个属性的值可以是字符串，也可以是一个表达式。

注意：一般地，将 <jsp:setProperty> 标签嵌套在 <jsp:useBean> 中使用，如下所示：

```
<jsp:useBean id="stu" class="com.chapter4.Student" scope="request">
    <jsp:setProperty name="stu" property="num"/>
</jsp:useBean>
```

例 4-5　设计 show.jsp 页面，获取 input.html 页面中提交的学生信息。代码如下：

```
<%@ page language="java" import="java.util.*" pageEncoding="gbk"%>
```

```
<html>
    <body>
        request.setCharacterEncoding("GBK");
        <jsp:useBean id="stu" class="com.chapter4.Student" scope="page">
            <jsp:setProperty name="stu" property="*" />
        </jsp:useBean>
        <h2>
            学号：<%=stu.getNum()%></h2>
        <h2>
            姓名：<%=stu.getName()%></h2>
        <h2>
            年龄：<%=stu.getAge()%></h2>
        <h2>
            性别：<%=stu.getSex()%></h2>
    </body>
</html>
```

通过 show.jsp 显示输出结果可以看出，<jsp:setProperty name="stu" property="*"/> 获取到 input.html 页面表单提交的所有学生信息内容，如图 4-2 所示。

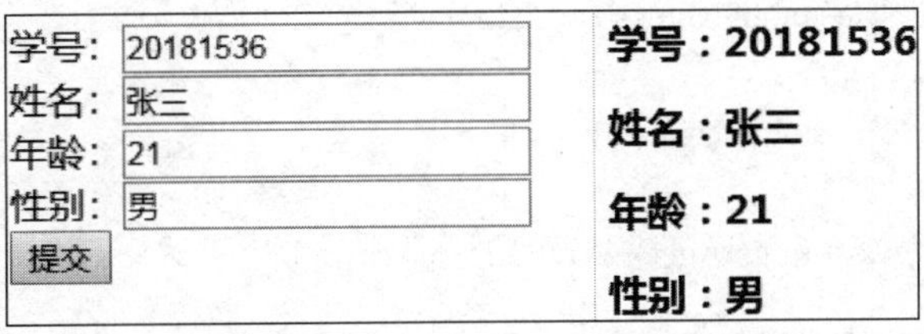

图 4-2　input.html 输入学生信息和 show1.jsp 显示输出结果

设计 show1.jsp 页面，用 <jsp:setProperty> 标签获取 input.html 页面中提交的学生信息其中某一项内容或某几项内容。代码如下：

```
<%@ page language="java" import="java.util.*" pageEncoding="gbk"%>
<html>
    <body>
        <% request.setCharacterEncoding("GBK"); %>
        <jsp:useBean id="stu" class="com.chapter4.Student" scope="page">
            <jsp:setProperty name="stu" property="num" />
            <jsp:setProperty name="stu" property="name" />
        </jsp:useBean>
        <h2>
            学号：<%=stu.getNum()%></h2>
        <h2>
            姓名：<%=stu.getName()%></h2>
        <h2>
            年龄：<%=stu.getAge()%></h2>
        <h2>
```

```
                性别：<%=stu.getSex()%></h2>
        </body>
</html>
```

通过<jsp:setProperty name="stu" property="num"/>和<jsp:setProperty name="stu" property="name"/>标签，接收到页面提交学生信息中的学生学号和姓名属性的值，学生的年龄和性别值没有接收。

setProperty 标签的三种格式

设计 show2.jsp 页面，设定学生性别为男。代码如下：

```
<%@ page language="java" import="java.util.*" pageEncoding="gbk"%>
<html>
    <body>
        <% request.setCharacterEncoding("GBK"); %>
        <jsp:useBean id="stu" class="com.chapter4.Student" scope="page">
            <jsp:setProperty name="stu" property="num" />
            <jsp:setProperty name="stu" property="name" />
            <jsp:setProperty name="stu" property="age" />
            <jsp:setProperty name="stu" property="sex" value="男" />
        </jsp:useBean>
        <h2>
                学号：<%=stu.getNum()%></h2>
        <h2>
                姓名：<%=stu.getName()%></h2>
        <h2>
                年龄：<%=stu.getAge()%></h2>
        <h2>
                性别：<%=stu.getSex()%></h2>
    </body>
</html>
```

如图 4-3 所示，通过<jsp:setProperty name="stu" property="sex" value="男" />标签，设置学生信息性别属性的值为男。在 input.html 页面输入信息无论男女，在 show2.jsp 页面性别属性值显示皆为男。

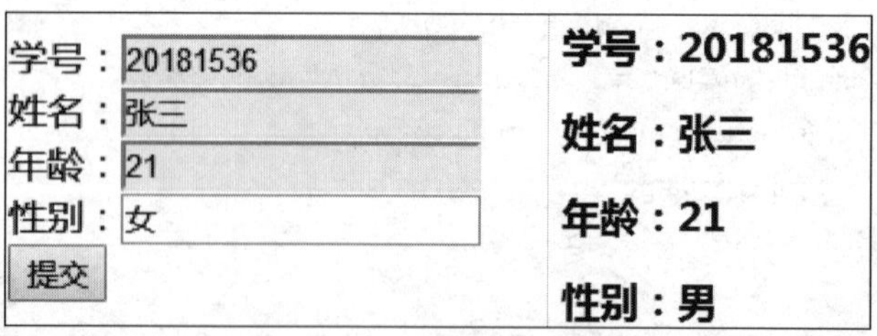

图 4-3　input.html 输入学生信息和 show2.jsp 显示输出结果

三、<jsp:getProperty>获取 JavaBean 属性

<jsp:getProperty>标签用于读取 JavaBean 对象的属性值，即调用 JavaBean 对象的

getter 方法获取 bean 的属性值，然后将 bean 的属性值转换成字符串后插入输出的正文中。其语法格式如下：

```
<jsp:getProperty name="bean 引用名" property="bean 的属性名"/>
```

特别需要注意的是，name 属性用于指定 JavaBean 实例对象的名称，该值也必须与 <jsp:useBean> 标签中的 id 属性值一致。property 属性用于指定要输出其值的 JavaBean 属性名，如果一个 JavaBean 实例对象的某个属性值为 null，则该标签的输出结果为 "null" 字符串。

例 4-6 设计 getproperty.jsp 页面，读取学生信息。

```
<%@ page language="java" contentType="text/html; charset=GB18030"%>
<html>
    <body>
        <%
            request.setCharacterEncoding("GBK");
        %>
        <jsp:useBean id="stu" class="com.chapter4.Student" scope="page">
            <jsp:setProperty name="stu" property="*" />
        </jsp:useBean>
        <h2> 学号：<jsp:getProperty name="stu" property="num" /></h2>
        <h2> 姓名：<jsp:getProperty name="stu" property="name" /></h2>
        <h2> 年龄：<jsp:getProperty name="stu" property="age" /></h2>
        <h2> 性别：<jsp:getProperty name="stu" property="sex" /></h2>
    </body>
</html>
```

四、使用 JavaBean 的注意事项

在 Web 页面中使用 JavaBean 时，应注意以下事项：

（1）JavaBean 应放置在 JSP 页面的类装载器或其父类装载器所能装载的目录中，通常放置在 Web 程序的 WEB-INF/classes 目录中。

（2）JavaBean 必须带有包名，不能使用默认包名。

（3）JavaBean 应尽量存入较小的作用范围，若 request 域能满足需求，则不要将其存入 session 域。

（4）多个页面共享的 bean 必须是线程安全的。

第三节 JSP 设计模式：JSP+JavaBean

一、什么是设计模式

设计模式是描述软件系统设计过程中常见问题的解决方案，它是从大量成功实践中总

结出来并被广泛公认的实践和知识。设计模式包括以下几个特征：

（1）使开发人员可以简便地重用已有的良好设计。

（2）提供了一套可供开发人员交流的语言。

（3）提升了人们看待问题的抽象程度。

（4）帮助设计人员更快、更好地完成系统设计。

（5）模式是经过考验的思想，具有更好的可靠性和扩展性。

JSP Modle 1 设计模式

二、JSP Model 1 设计模式的诞生

使用纯粹的 Java Web 技术实现动态网站开发，是初学者经常使用的技术。Web 页面中所有代码都是在同一个页面，如 HTML 标记、CSS 标记、JavaScript 标记、逻辑处理和数据库处理代码等。将这些代码混合在一起容易出错，出错了又不容易查找问题，而且其可读性差。

为了解决上述问题，Sun 公司推出了应用程序的设计模式。JSP Model 1(JSP+JavaBean) 模式很好地解决了页面静态部分和动态部分相互分离的问题，可以使用 Web 技术的 HTML、CSS 等构建数据显示页面，而对于数据处理，则交给 JavaBean 技术来完成。

三、JSP Model 1 设计模式的基本原理

在 JSP Model 1 模式中，Web 页面负责响应用户请求并将处理结果返回用户，所有数据通过 JavaBean 来处理。该模式实现了页面的显示和逻辑处理相分离，Web 页面负责业务流程控制和提供表示层数据，同时充当控制器和视图角色，如图 4-4 所示。JSP Model 1 模式十分适合小型应用。

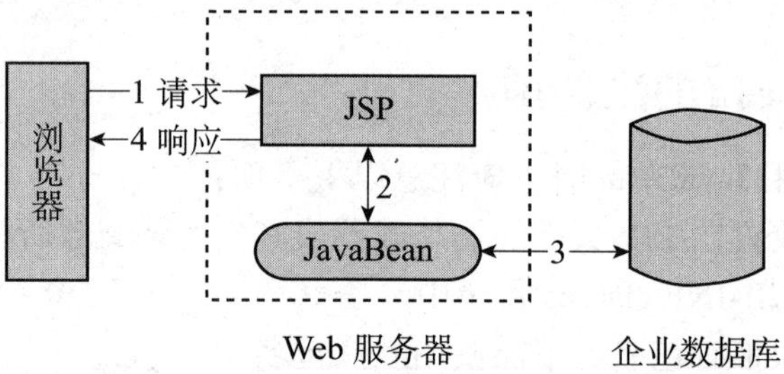

图 4-4　JSP Model 1(JSP+JavaBean) 模式

第四节　JSP Model 1 模式的应用开发实例

实例开发学生信息管理系统，在 Web 页面中显示学生信息列表，用户通过单击“新增”“修改”或“删除”超链接可以增加新学生信息、修改或删除已有学生信息，具体实现步骤如下：

（1）创建用于保存一个学生的注册信息的 StudentInfoBean.java。代码如下：

```
package com.chapter4;
import java.io.Serializable;
import java.sql.Date;
public class StudentInfoBean implements Serializable, Cloneable {
    private static final long serialVersionUID = 1L;
    private long id;
    private String studentname = null;
    private String password = null;
    private int sex = 1;
    private Date birthday = null;
    private String email = null;
    private int work = 0;
    private String[] likes = null;
    private String note = null;
    public StudentInfoBean() {
        id = -1;
    }
    public void setId(long id) {
        this.id = id;
    }
    public long getId() {
        return id;
    }
    public String getStudentname() {
        return studentname;
    }
    public void setStudentname(String studentname) {
        this.studentname = studentname;
    }
    public void setPassword(String password) {
        this.password = password;
    }
    public String getPassword() {
        return password == null ? "" : password;
    }
    public void setEmail(String email) {
        this.email = email;
    }
    public String getEmail() {
        return email == null ? "" : email;
    }
    public void setNote(String note) {
        this.note = note;
```

```
    }
    public String getNote() {
        return note == null ? "" : note;
    }
    public void setStrBirthday(String birthday) {
        if ((birthday == null) || birthday.equals(""))
            return;
        try {
            this.birthday = Date.valueOf(birthday);
        } catch (IllegalArgumentException e) {
            throw new RuntimeException("日期格式应为: yyyy-mm-dd)", e);
        }
    }
    public String getStrBirthday() {
        if (getBirthday() == null)
            return "";
        else
            return getBirthday().toString();
    }
    public void setBirthday(Date birthday) {
        this.birthday = birthday;
    }
    public Date getBirthday() {
        return birthday;
    }
    public String[] getLikes() {
        return likes;
    }
    public void setLikes(String[] likes) {
        this.likes = likes;
    }
    public void setSex(int sex) {
        this.sex = sex;
    }
    public int getSex() {
        return sex;
    }
    public String getSexToString()
    {
        return (sex == 1) ? "男" : "女";
    }
    public void setWork(int work) {
        this.work = work;
```

```
    }
    public int getWork() {
        return work;
    }
    public String getWorkToString() {
        String[] sWorks = { "教师", "学生", "职员" };
        return sWorks[work];
    }
    public String getLikesToString() {
        String[] sWorks = { "旅游", "看书", "游戏", "扑克", "保龄", "网球" };
        return sWorks[work];
    }
    public StudentInfoBean copyStudentInfo() {
        try {
            return (StudentInfoBean) clone();
        } catch (CloneNotSupportedException ex) {
            return null;
        }
    }
}
```

（2）创建用于保存已有学生列表 StudentlistBean.java。代码如下：

```
package com.chapter4;
import java.io.Serializable;
import java.util.HashMap;
import java.util.Iterator;
public class StudentListBean implements Serializable {
    private static final long serialVersionUID = 1L;
    private long max_StudentID=0;
    private HashMap<String，StudentInfoBean> StudentList;
    public StudentListBean(){
        StudentList = new HashMap<String，StudentInfoBean>(100，0.85F);
        StudentInfoBean stu = new StudentInfoBean();
        stu.setStudentName("张三");
        stu.setSex(1);
        stu.setStrBirthday("1990-01-23");
        stu.setLikes(new String[]{"aaa"， "唱歌"， "跳舞"});
        System.out.println("【张三】: " + stu);
        this.insertStudent(stu);
        stu = new StudentInfoBean();
        stu.setStudentName("李四");
        stu.setSex(0);
        System.out.println("【李四】: " + stu);
        this.insertStudent(stu);
```

```
            stu = new StudentInfoBean();
            stu.setStudentName("王五");
            stu.setSex(0);
            System.out.println("【王五】: " + stu);
            this.insertStudent(stu);
    }
    public synchronized boolean insertStudent(StudentInfoBean stu){
            if ((stu == null) || (stu.getStudentName() == null)
            || (stu.getStudentName().trim().length() < 1))
                    return false;
            this.max_StudentID++;
            stu.setId(max_StudentID);
            StudentList.put(Long.toString(stu.getId()), stu);
            return true;
    }
            public synchronized boolean removeStudent(String stuId){
            StudentInfoBean u = StudentList.remove(stuId);
            return u != null;
    }
    public StudentInfoBean popStudent(String stuId){
            try{
                    Long.valueOf(stuId);
            }catch (NumberFormatException e) {
                    return null;
            }
            return this.StudentList.get(stuId);
    }
    public StudentInfoBean copyStudent(String stuId){
            try{
                    Long.valueOf(stuId);
            }catch (NumberFormatException e) {
                    return null;
            }
            return (StudentInfoBean) (StudentList.get(stuId)).copyStudentInfo();
    }
    public synchronized long getStudentNum(){return StudentList.size();}
    public synchronized boolean isExist(String stuId){
            return StudentList.containsKey(stuId);
    }
    public Iterator<StudentInfoBean> iterator(){
              return this.StudentList.values().iterator();
    }
}
```

（3）编写学生信息列表 StudentInfoList.jsp。代码如下：

```
<%@ page language="java" import="java.util.*" pageEncoding="utf-8"%>
<%request.setCharacterEncoding("utf-8"); String path = request.getContextPath();%>
<%@page import="com.chapter4.StudentInfoBean" %>
<html>
  <head>
    <title>My JSP 'StudentInfoList.jsp' starting page</title>
    <meta http-equiv="pragma" content="no-cache">
    <meta http-equiv="cache-control" content="no-cache">
    <link rel="stylesheet" type="text/css" href="<%=path%>/css/styles.css">
  </head>
  <body>
    <jsp:useBean id="uList" type="com.chapter4.StudentListBean" scope="session"/>
    <table>
        <tr><th colspan="4"><font size="4" color="blue"> 学生信息表 </font></th>
            <th><a href="StudentInfoAction.jsp?mode=add"> 新增学生 </a></th></tr>
        <tr align="center"><th> 学生名 </th><th> 性别 </th><th> 出生日期 </th>
                    <th> 职业 </th><th> 操作 </th></tr>
        <%Iterator<StudentInfoBean> it=uList.iterator();
        while(it.hasNext()){ StudentInfoBean user=(StudentInfoBean)it.next(); %>
        <tr><td><%=user.getStudentname() %></td>
            <td><%=user.getStrBirthday() %></td>
            <td><%=user.getWorkToString() %></td>
            <td align="center">
            <a href="StudentInfoAction.jsp?mode=che&StudentId=<%=user.getId() %>"> 修改 </a>
            <a href="StudentInfoAction.jsp?mode=del&StudentId=<%=user.getId() %>"> 删除 </a>
            </td>
        </tr>
        <%} %>
        </table>
  </body>
</html>
```

（4）编写响应、处理列表 JSP 中超链接的 StudentInfoAction.jsp，它将根据超链接所传入的命令模式（mode）参数执行相应的处理。代码如下：

```
<%@ page language="java" import="java.util.*" pageEncoding="UTF-8"%>
<%@ page import="com.chapter4.*" %>
<%request.setCharacterEncoding("UTF-8"); %>
<%String path = request.getContextPath();%>
<html>
  <head>
    <title> 命令处理 </title>
  </head>
  <body>
```

```
<jsp:useBean id="uList" class="comchapter4StudentListBean" scope="session"/>
<% String mode=request.getParameter("mode");
     if(mode==null){
        response.sendRedirect("StudentInfoList.jsp");
     }else if(mode.equals("add")){
%>
     <jsp:useBean id="stu"
          class="comchapter4StudentInfoBean" scope="session"/>
     <jsp:forward page="InputStudentInfo.jsp"/>
     <%}else if(mode.equals("che")){
          String StudentId=request.getParameter("StudentId");
          StudentInfoBean Student=uList.copyStudent(StudentId);
          request.setAttribute("stu", Student);
          pageContext.forward("InputStudentInfo.jsp");
     }else if(mode.equals("del")){
          String StudentId=request.getParameter("StudentId");
          if(uList.removeStudent(StudentId))
               request.setAttribute("delInfo", "学生信息删除成功 !");
               else request.setAttribute("delInfo", "未能删除指定的学生信息 !");
               pageContext.forward("deleStudent.jsp");}%>
  </body>
</html>
```

如图 4-5 所示，StudentInfoAction.jsp 页面显示学生信息。

		学生信息表		新增学生
学生名	性别	出生日期	职业	操作
王五		教师	修改 删除	
李四		教师	修改 删除	
张三	1990-01-23	教师	修改 删除	

图 4-5　显示学生信息表

（5）编写用于输入新增学生信息、修改学生信息的页面 InputStudentInfo.jsp。代码如下：

```
<%@ page language="java" import="java.util.*" pageEncoding="utf-8"%>
<%String path = request.getContextPath();%>
<html>
  <head>
    <title>My JSP 'InputStudentInfo.jsp' starting page</title>
    <meta http-equiv="pragma" content="no-cache">
    <meta http-equiv="cache-control" content="no-cache">
    <link rel="stylesheet" type="text/css" href="<%=path %>/css/styles.css">
  </head>
  <body>
    <jsp:useBean id="stu" class="comchapter4StudentInfoBean" scope="request"/>
```

```
<form action="saveStudentInfo.jsp" method="post">
<table>
    <tr><th colspan="2"> 请 <%=(stu.getId()<1)?"输入新":"修改老" %> 学生信息 </th></tr>
    <tr><th> 学生名 </th><td>
        <%if(stu.getId()<1){ %>
            <input type="text" name="studentname"/>
        <%}else{ %><%=stu.getStudentname() %>
        <input type="hidden" name="id" value="<%=stu.getId() %>" />
        <%
        System.out.println(stu.getStudentname());
        } %>
    </td></tr>
    <tr><th> 密码 </th><td>
        <input type="text" name="password" value="<%=stu.getPassword() %>"/>
    </td></tr>
    <tr><th> 性别 </th><td>
        <%if(stu.getSex()<1){ %>
        <input type="radio" name="sex" value="1"> 男
        <input type="radio" name="sex" value="0" checked="checked"> 女
        <%}else{ %>
        <input type="radio" name="sex" value="1" checked="checked"> 男
        <input type="radio" name="sex" value="0"> 女
        <%} %></td></tr>
    <tr><th> 出生日期 </th>
        <td><input type="text" name="birthday"    value="<%=stu.getStrBirthday() %>"/></td></tr>
        <tr><th> 职业 </th><td><select size="1" name="work" >
    <option value="0"<%=(stu.getWork()==0)?"selected=\'selected\'":""%>> 教师 </option>
    <option value="1" <%=(stu.getWork()==1)?"selected=\'selected\'":""%>> 学生 </option>
    <option value="2" <%=(stu.getWork()==2)?"selected=\'selected\'":""%>> 职员 </option>
        </select></td></tr>
        <tr><th> 邮箱地址 </th><td>
    <input type="text" name="email" value="<%=stu.getEmail() %>"></td></tr>
    <tr><th> 爱好 </th><td><%String likes=stu.getLikesToString(); %>
    <input type="checkbox" name="likes" value="旅游"
         <%=(likes.indexOf("旅游"))<0?"":"checked" %>> 旅游
    <input type="checkbox" name="likes" value="看书"
        <%=(likes.indexOf("看书"))<0?"":"checked" %>> 看书
    <input type="checkbox" name="likes" value="游戏"
        <%=(likes.indexOf("游戏"))<0?"":"checked" %>> 游戏 <br/>
    <input type="checkbox" name="likes" value="扑克"
        <%=(likes.indexOf("扑克"))<0?"":"checked" %>> 扑克
    <input type="checkbox" name="likes" value="保龄"
        <%=(likes.indexOf("保龄"))<0?"":"checked" %>> 保龄
```

```
            <input type="checkbox" name="likes" value="网球"
                <%=(likes.indexOf("网球"))<0?"":"checked" %>> 网球
        </td></tr>
        <tr><th> 自我描述 </th><td>
            <textarea rows="2" name="note" cols="20"><%=stu.getNote()%></textarea>
        </td></tr>
        <tr><td colspan="2" align="center"><input type="reset" value="重置"/>
            <input type="submit" name="saveBut" value="保存"/>
            <input type="submit" name="cancelBut" value="取消"/></td></tr>
        </table>
        </form>
    </body>
</html>
```

运行 InputStudentInfo.jsp 将学生添加到了学生信息表，如图 4-6 所示。

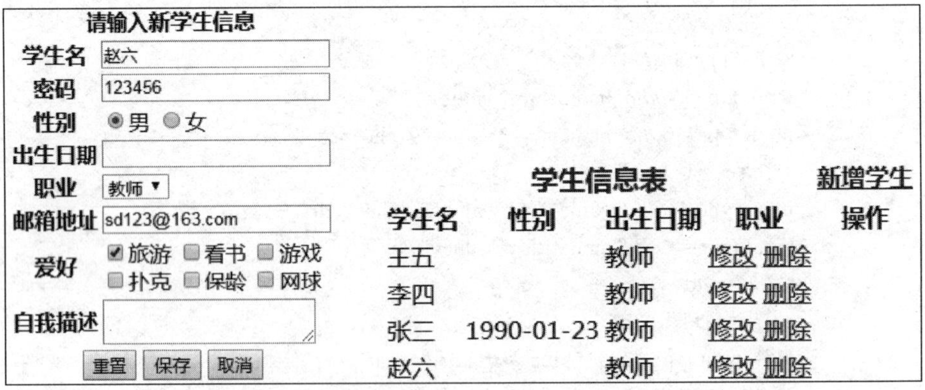

图 4-6　InputStudentInfo 页面添加、修改学生信息

（6）编写用于响应用户学生信息输入页面 InputStudentInfo.jsp，以保存学生信息到列表中的页面 saveStudentInfo.jsp。代码如下：

```
<%@ page language="java" import="java.util.*" pageEncoding="utf-8"%>
<%@ page import="com.chapter4.*" %>
<%request.setCharacterEncoding("UTF-8"); %>
<%String path = request.getContextPath();%>
<html>
  <head>
  </head>
  <body>
       <%if(request.getParameter("saveBut")!=null){%>
    <jsp:useBean id="uList" type="com.chapter4.StudentListBean" scope="session"/>
    <jsp:useBean id="stu" class="com.chapter4.StudentInfoBean" scope="request">
    <jsp:setProperty property="studentname" name="stu"/>
    <jsp:setProperty property="id" name="stu"/>
    <jsp:setProperty property="sex" name="stu"/>
```

```
        <jsp:setProperty property="email" name="stu"/>
    </jsp:useBean>
    <%      if(stu.getId()<0){
    boolean flag=uList.insertStudent(stu);
        }else{
            StudentInfoBean eStudent=uList.popStudent(Long.toString(stu.getId()));
        if(eStudent != null)
        {
            if(request.getParameter("password")!=null)
    eStudent.setPassword(stu.getPassword());
            if(request.getParameter("sex")!=null)
                eStudent.setSex(stu.getSex());
            if(request.getParameter("work")!=null)
                eStudent.setWork(stu.getWork());
    if(request.getParameter("strBirthday")!=null)
    eStudent.setStrBirthday(stu.getStrBirthday());
            if(request.getParameter("email")!=null)
                eStudent.setEmail(stu.getEmail());
            if(request.getParameter("likes")!=null)
                eStudent.setLikes(stu.getLikes());
            if(request.getParameter("note")!=null)
                eStudent.setNote(stu.getNote());
            }
}
    }response.sendRedirect("StudentInfoList.jsp");%>
  </body>
</html>
```

该页面根据学生的 id 值，判断是否为新增学生（即 id<0），若为新增学生则调用 StudentlistBean 中的 insertStudent() 方法在列表中增加一个学生，将用户输入的学生信息进行保存。最后，重定位到 StudentInfoList.jsp 页面以显示最新的学生信息列表。

（7）编写删除学生响应处理页面 deleStudent.jsp。代码如下：

```
<%@ page language="java" import="java.util.*" pageEncoding="utf-8"%>
<html>
  <head>
    <title> 学生已删除 </title>
    <meta http-equiv="pragma" content="no-cache">
    <meta http-equiv="cache-control" content="no-cache">
  </head>
  <body>
    <%String info=(String)request.getAttribute("delInfo"); %>
    <h2><%=info %></h2>
    <a href="StudentInfoList.jsp"> 返回学生列表 </a>
  </body>
```

```
</html>
```

运行 deleStudent.jsp，成功删除学生，如图 4-7 所示。

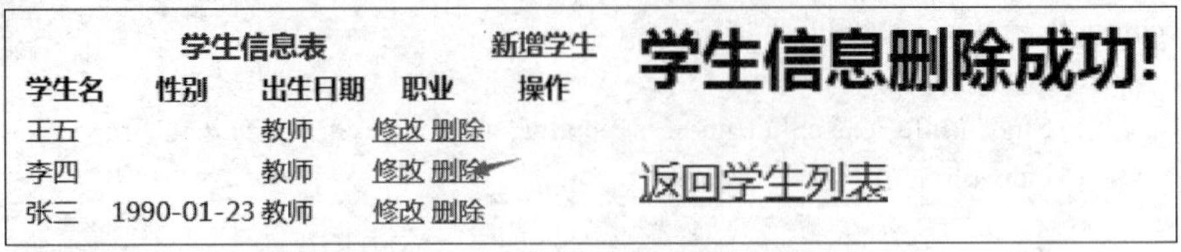

图 4-7　deleStudent 页面删除学生李四

小　结

本章主要介绍了 JavaBean 技术，了解在 Web 页面设计中应用 JavaBean 的开发要求，深入学习了 JavaBean 的组成和属性，介绍了如何使用 <jsp:useBean> 标签访问 JavaBean、使用 <jsp:setProperty> 动作标签设置 JavaBean 的属性、使用 <jsp:getProperty> 动作标签获取 JavaBean 的属性及使用 JavaBean 的注意事项，介绍了 Web 开发中的设计模式，通过学生信息管理系统实例掌握 JSP Model 1 模式的实际应用。

习　题

一、选择题

1. 在 JSP 中调用 JavaBean 时不会用到的标记是（　　）。

A. <javabean>　　B. <jsp:useBean>

C. <jsp:setProperty>　　D. <jsp:getProperty>

2. JavaBean 的属性可以使用（　　）来访问。

A. 属性　　B. get() 和 set() 方法

C. 事件　　D. Scriptlet

3.（　　）是一种可以在一个或多个应用程序中重复使用的组件。

A. JSP 页面　　B. JavaMail　　C. JavaBean　　D. Servlet

4. 下面哪项是错误地设置 Bean 属性值的方法？（　　）

A. <jsp:setPropertyname="beanInstanceName" property= "*" />

B. <jsp:setPropertyname="beanInstanceName" property="propertyName" value="123"/>

C. <jsp:setPropertyname="beanInstanceName" property="propertyName" param="parameterName" />

D. <jsp:setPropertyname="beanInstanceName" property="*" value="{String |<%= expression %>}"/>

5. 在 JSP 页面中，正确引入 JavaBean 的是（　　）。

A. <%jsp: useBean id ="myBean" scope ="page" class="pkg.MyBean" %>

B. <jsp: useBean name="myBean" scope ="page" class="pkg.MyBean" >

C．<jsp: useBean id ="myBean" scope ="page" class="pkg.MyBean" />

D．<jsp: useBean name="myBean" scope ="page" class="pkg.MyBean" />

二、判断题

1．<jsp:getProperty> 中的 name 及 property 区分大小写。(　　)

2．JavaBean 中的属性既可以是 public 型的，也可以是 private 型的。(　　)

3．JavaBean 实质上是一个 Java 类，该类可以被 JSP 程序直接调用。(　　)

4．编写 JavaBean 可以先不必加入 JSP 程序中调用，而直接用 main 方法来进行调试，调试好后就可以在 JSP 中使用了。(　　)

5．JavaBean 和 Java Web 结合，可以实现表现层和商业逻辑层的分离。(　　)

三、上机实训题

1．为学生信息管理系统设计一个登录页面的 JavaBean，要求：

（1）定义一个包，将该 JavaBean 编译后生成的类存入该包中；

（2）为 JavaBean 设计两个属性 username 和 password；

（3）设计访问属性的相应 setter 和 getter 方法。

2．为开发学生信息管理系统案例，设计查找学生页面 findStudent.jsp，要求：

（1）在显示学生信息页面中设置查询链接到 findStudent.jsp;

（2）在 findStudent.jsp 设计表单，提交待查询条件学生姓名；

（3）在 findStudent.jsp 设计显示查询后的结果。

第 5 章

数据库访问技术

❑ 学习目标

- 了解 JDBC 连接数据库的方式。
- 掌握 JDBC-ODBC 桥接数据库的方法。
- 掌握 JDBC 连接数据常用的接口。
- 学会用 JavaBean 封装数据库操作类连接数据库。
- 了解数据库连接池的工作原理，掌握创建数据库连接池。

第一节　Java Web 中访问数据库

在 JavaBean 章节应用开发实例中，应用集合 HashMap 存放学生对象，当 Tomcat 服务器重新启动时，所有数据将丢失。真实项目设计中，涉及多个数据表，数据量大，表之间的关联多，应用集合存储数据也不能满足要求，这就需要应用数据库。JDBC 作为 Java Web 访问数据库最直接的方式，为数据库访问提供了一组用 Java 语言编写的类和接口。

一、JDBC 简介

Java 数据库连接（Java Database Connectivity）简称 JDBC，是 Java 语言中用来规范客户端程序如何访问数据库的应用程序接口，提供了诸如查询和更新数据库中数据的方法。我们通常说的 JDBC 是面向关系型数据库的，在关系型数据库的“对象 / 关系”映射中，表中的每行对应于类的一个实例，而每列的值对应于该实例的一个属性。程序员可直接对 Java 对象进行操作，存取数据所需的 SQL 调用将在“掩盖下”自动生成。此外，JDBC 还可提供更复杂的映射，例如将多个表中的行结合到一个 Java 类中。

JDBC 简介

JDBC 的特点是与任何关系型数据库协同工作的方式完全相同，也就是说，使用 JDBC 后没有必要为访问 SQL Server 数据库写一个程序，而为访问 Oracle 数据库再写另一个专门的程序。同时，将 Java 语言和 JDBC 结合起来，程序员不必为不同的平台编写不同的应用程序，只需要写一遍程序就可以让它在任何平台上运行，这也是 Java 语言“编写一次，处处运行”的优势。

二、JDBC 连接数据库的方式

简单来说，JDBC 可做四种操作：与数据库建立连接、发送操作数据库的 SQL 语句、处理结果和最后关闭与数据库的连接。JDBC 使用已有数据库厂商提供的专有 API 为程序开发提供标准的接口，并为数据库厂商及第三方中间件厂商实现与数据库的连接提供了标准方法，如图 5-1 所示。

比较常见的 JDBC 驱动程序可分为以下四类：

方式 1：JDBC-ODBC 桥

利用 JDBC-ODBC 桥，ODBC 驱动程序对 JDBC 访问。我们可以使用 JDBC API 通过 ODBC 去访问数据库，它实际上是把标准的 JDBC 调用转换成相应的 ODBC 调用，并通过 ODBC 把它们发送给 ODBC 数据源，如图 5-2 所示。

数据库连接的四种方式

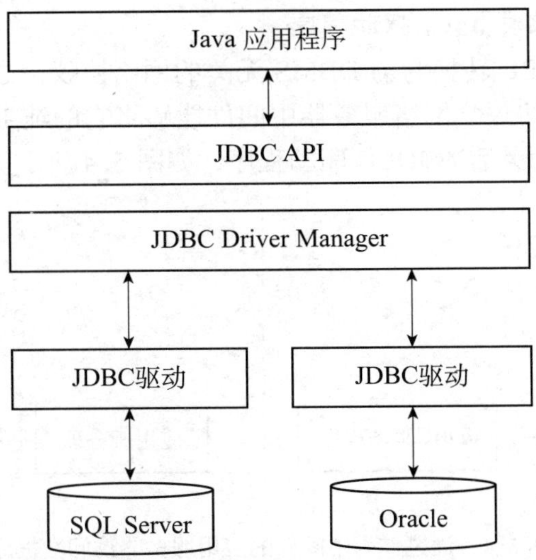

图 5-1　JDBC API 访问数据库

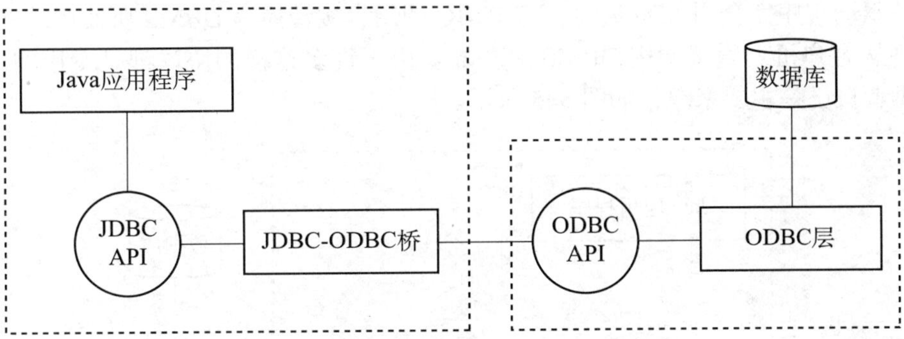

图 5-2　通过 JDBC-ODBC 桥访问数据库

方式 2：本地 API

这种驱动程序由部分 Java 程序和特定厂商的本地 API 组成。在程序中利用 JDBC API 访问数据库，JDBC 驱动程序将调用请求转换成厂商提供的本地 API 调用。请求处理后，这些 API 将结果返回给 JDBC 驱动程序，由 JDBC 驱动程序负责将结果转换成 JDBC 标准形式后返回给客户端程序，如图 5-3 所示。

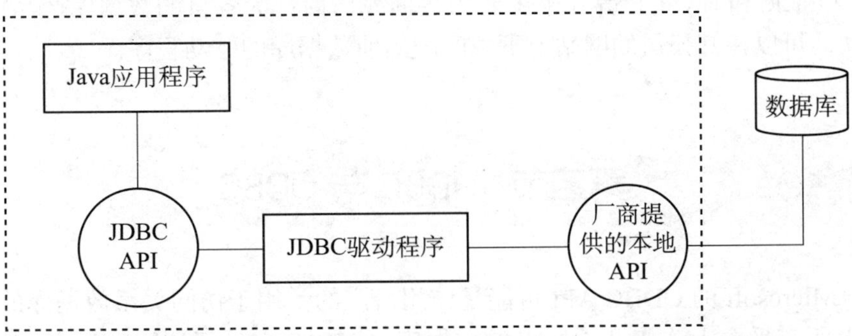

图 5-3　通过 JDBC 驱动程序调用厂商提供的本地 API 访问数据库

方式 3：JDBC 网络纯 Java 驱动程序

这种驱动程序将 JDBC 转换为与 DBMS 无关的网络协议，之后这种协议又被某个服务器转换为一种 DBMS 协议。网络服务器中间件能够将它的纯 Java 客户机连接到多种不同的数据库上，这是最为灵活的 JDBC 驱动程序，如图 5-4 所示。

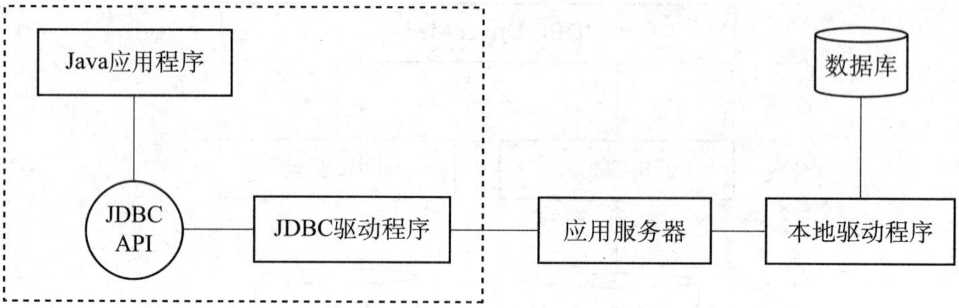

图 5-4　通过作为中间件的应用服务器访问数据库

方式 4：本地协议纯 Java 驱动程序

这种驱动程序完全用 Java 编写，将 JDBC 调用直接转换为 DBMS 所使用的网络协议。这将允许从客户机上直接调用 DBMS 服务器。由于许多这样的协议都是专用的，因此数据库提供者自己是主要来源，如图 5-5 所示。

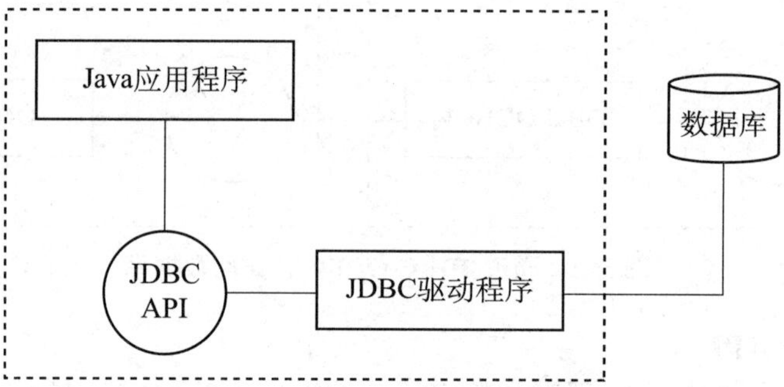

图 5-5　通过本地协议的纯 Java 驱动程序访问数据库

这类驱动程序是最高效的数据访问方式，目前常见的 Java 应用程序都使用这一类 JDBC 驱动程序访问数据库。但是，访问不同厂商的数据库需要不同的 JDBC 驱动程序。Microsoft、Oracle 和 MySQL 等几个主要的数据库厂商都为各自的数据库产品提供了这种类型的驱动，可以在其公司的网站上下载匹配当前数据库的驱动程序。

第二节　JDBC 与 ODBC

目前，Microsoft 的 ODBC API 可能是使用最广的、用于访问关系数据库的编程接口，它能在几乎所有平台上连接几乎所有的数据库。ODBC 定义了访问数据库 API 的一组规范，这些 API 独立于形色各异的 DBMS 和编程语言。一个基于 ODBC 的应用程序对数据库的操作不依赖任何 DBMS，不直接与 DBMS 打交道，所有的数据库操作由对应的 DBMS 的 ODBC 驱动程序完成。不论是 SQL Server、MySQL 还是 Oracle 数据库，均可用 ODBC API 进行访问。为了便于访问数据，Windows 系统提供了 ODBC 数据源管理工具。

添加 ODBC 数据源

例 5-1 以 Windows 7 系统为例，配置 SQL Server 系统数据源。

（1）打开控制面板，找到“管理工具”，并打开，如图 5-6 所示。

图 5-6　控制面板中的“管理工具”

（2）在“管理工具”页面，找到“数据源 (ODBC)”，并打开，如图 5-7 所示。

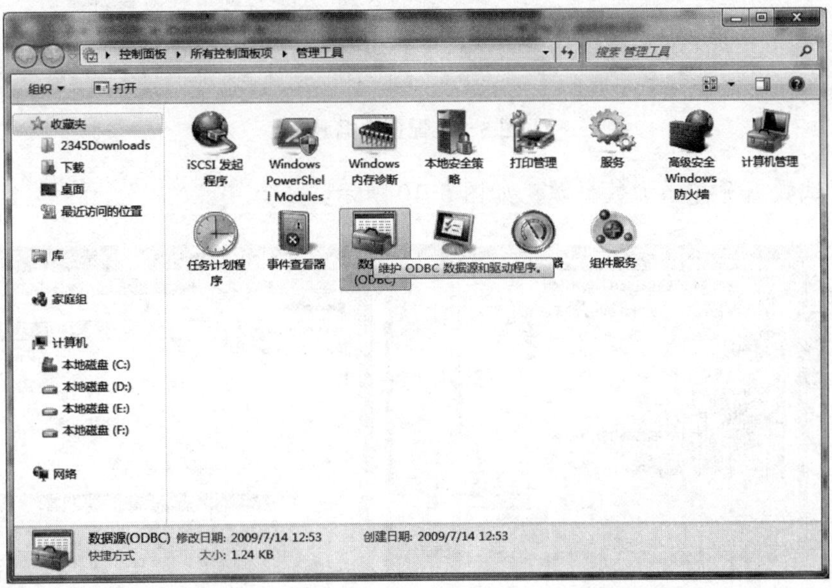

图 5-7　管理工具中的“数据源（ODBC）”

（3）在“ODBC 数据源管理器”界面，找到“系统 DSN”，选择“添加”按钮。

（4）在弹出的“创建新数据源”界面，选中“SQL Server”，点击“完成”按钮，如图 5-8 所示。

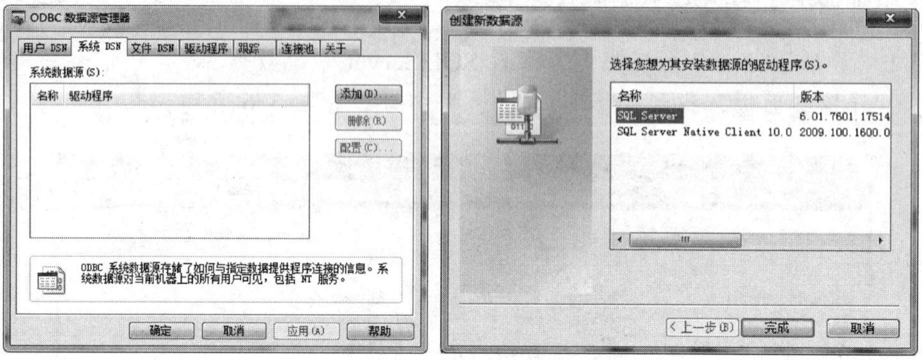

图 5-8　创建新数据源

（5）进入“创建到 SQL Server 的新数据源”界面，自己填写作为未来连接的数据源的名称，下拉列表中选择本机 SQL Server 数据库（local），点击“下一步”按钮。

（6）在此页面中设置 SQL Server 数据库管理系统中的数据库 xinxi，点击“下一步”按钮，再点击“完成”按钮，如图 5-9 所示。

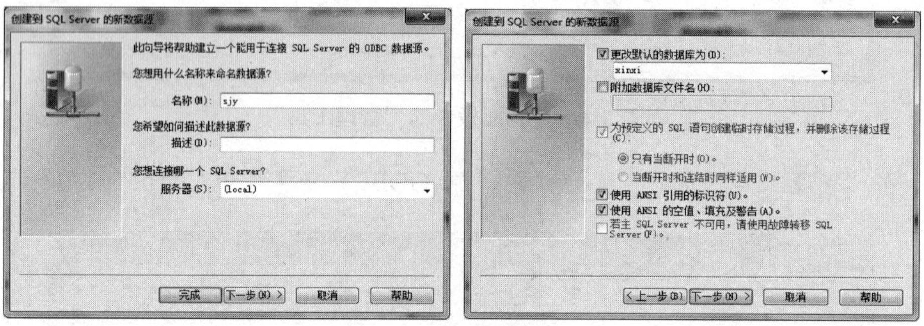

图 5-9　配置数据源

（7）测试数据源并添加数据源，如图 5-10 所示。

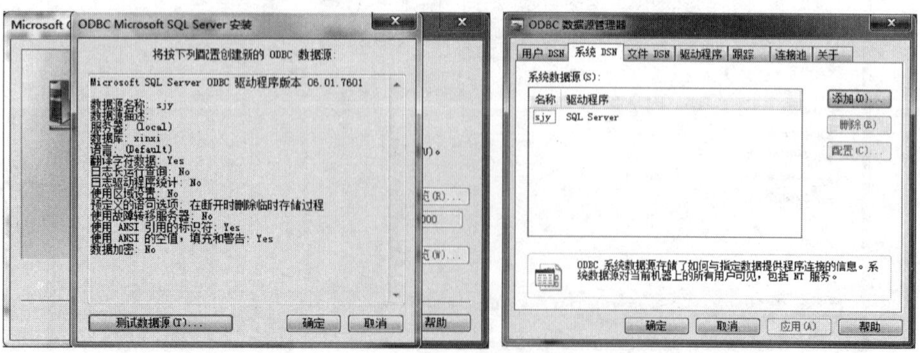

图 5-10　测试数据源，完成配置

第三节　JDBC 的数据库编程

一、JDBC 常用接口

JDBC 在 Java 2 中推出了 java.sql 和 javax.sql 两个核心包。java.sql 包中包括一些常用接口，如 Driver、Connection、Statement 和 ResultSet 等，如图 5-11 所示。数据库生产商提供这套接口的实现，这套接口规范就是 JDBC 的规范。

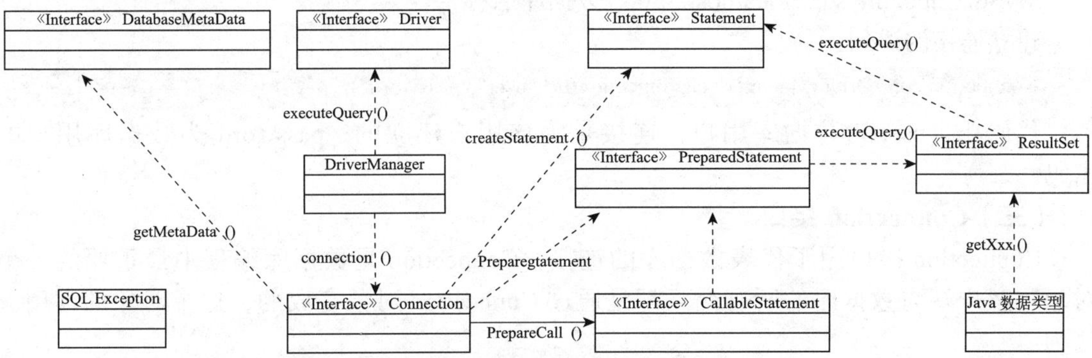

图 5-11　JDBC 常用接口

（一）Driver 接口

Java.sql.Driver 接口是所有 JDBC 驱动程序需要实现的接口。这个接口是提供给数据库厂商使用的，不同数据库厂商提供不同实现的驱动类。在程序中不需要直接去访问实现了 Driver 接口的类，而是由驱动程序管理器类 java.sql.DriverManager 去调用这些 Driver 实现。不同厂商实现 Driver 接口的驱动类是不相同的，同一厂商不同版本的数据库管理系统接口类也可能不相同，例如：

JDBC 常用接口

SQL Server 2000：com.microsoft.jdbc.sqlserver.SQLServerDriver

SQL Server 2008：com.microsoft.sqlserver.jdbc.SQLServerDriver

SQL Server 2017：com.microsoft.sqlserver.jdbc.SQLServerDriver

Oracle：oracle.jdbc.driver.OracleDriver

MySQL：com.mysql.jdbc.Driver

JDBC-ODBC 数据库连接驱动类是由 Sun 公司提供的，驱动类为：sun.jdbc.odbc.JdbcOdbcDriver。

加载数据库驱动的语句：

```
Class.forName("驱动类");
```

JDBC 访问数据库的步骤

（二）DriverManager 类

DriverManager 是 JDBC 的管理类，作用于用户和驱动程序之间。它跟踪可用的驱动程序，并在数据库和相应驱动程序之间建立连接，管理应用程序和已注册的驱动程序的连接。这个类的常用方法为：

（1）static Driver getDriver(String url) throws SQLException：尝试查找给定 URL 的驱动程序。DriverManager 尝试从一组已注册的 JDBC 驱动程序中选择适当的驱动程序。

（2）static Connection getConnection(String url) throws SQLException：尝试建立与给定数据库 url 的连接。

url 用于标识数据库的位置，告诉 JDBC 程序连接哪个数据库。常用数据库 url 地址的写法为：

SQL Server：jdbc:microsoft:sqlserver://localhost:1433;DatabaseName="数据库名称"

Oracle：jdbc:oracle:thin:@localhost:1521:"数据库名称"

MySql：jdbc:mysql://localhost:3306/"数据库名称"

建立连接的语句：

```
Connection con=DriverManager.getConnection(url,"user","password");
```

代码中，user 为数据库用户，连接是为该用户建立的；password 为数据库用户的密码。

（三）Connection 接口

Connection 接口用于代表数据库的连接，Connection 是数据库编程中最重要的一个对象，客户端与数据库的所有交互都是通过 Connection 对象完成的，这个对象的常用方法为：

Statement createStatement() throws SQLException：创建 Statement 对象来将 SQL 语句发送到数据库，不带参数的 SQL 语句通常使用 Statement 对象执行。

PreparedStatement prepareStatement(String sql) throws SQLException：创建数据库发送预编译 SQL 的 PreparedStatement 对象。

CallableStatement prepareCall(String sql) throws SQLException：创建 CallableStatement 对象来调用数据库存储过程。

void close() throws SQLException：立即释放此 Connection 对象的数据库和 JDBC 资源，要主动执行 close() 方法，不要等待它们被自动释放。

void commit() throws SQLException：使所有上一次提交进行的更改成为持久更改。

void rollback() throws SQLException：取消在当前事务中进行的所有更改，并释放此 Connection 对象当前持有的所有数据库锁。

（四）Statement 接口

在建立与数据库的连接后，需要对数据库进行访问，Statement 接口用于执行不带参数的简单 SQL 语句，用来向数据库提交 SQL 语句，返回 SQL 语句的执行结果。创建了 Statement 接口的实例后，可调用其中的方法执行 SQL 语句，JDBC 提供了三种执行方法。

1．executeUpdate()

int executeUpdate(String sql) throws SQLException：执行给定的 SQL 语句，该语句可能为 INSERT、UPDATE 或 DELETE 语句，或者不返回任何内容的 SQL 语句。例如：

```
st.executeUpdate("UPDATE SCORE SET C_SCORE=99 WHERE age=20");
```

该语句将数据表中年龄为 20 的行中 C_SCORE 值改成 99，如果该语句带来了三行记录的修改，则返回影响的行数 3，如果没有对任何行产生影响，则返回值为 0。

2．executeQuery()

ResultSet executeQuery(String sql) throws SQLException：执行给定的 SQL 语句，通常为静态 SQL SELECT 语句，该语句返回单个 ResultSet 对象。例如：

```
st.executeQuery( "select * from SCORE WHERE age=20");
```

该语句将查询到的年龄为 20 岁的所有行放入 ResultSet 对象。

3．execute()

boolean execute(String sql) throws SQLException：一般是在用户不知道执行 SQL 语句后会产生什么结果或可能有多种类型的结果产生时才会使用。execute() 的执行结果包括包含多个 ResultSet、多条记录被影响、既包含结果集也有记录被影响三种情况。

（五）PreparedStatement 接口

PreparedStatement 接口继承了 Statement 接口，但它包含经过预编译的 SQL 语句，因此获得了更高的执行效率。在 PreparedStatement 语句中可以包含多个用“?”代表的字段，在程序中可以利用 setXXX 方法设置该字段的内容，从而增强了程序设计的动态性。例如：

```
PreparedStatement pstmt=conn.prepareStatement("UPDATE SCORE SET C_SCORE=? WHERE ID=?");
pstmt.setInt(1,100);       // 设置第一个字段 C_SCORE 值为 100
pstmt.setInt(2,1001);       // 设置第二个字段 ID 值为 1001
```

（六）CallableStatement 接口

CallableStatement 接口继承了 PreparedStatement 接口用于执行数据库的存储过程。在 CallableStatement 对象中，有一个通用的成员方法 call，这个方法用于以名称的方式调用数据库中的存储过程。调用存储过程：

存储过程不需要参数：{call procedure_name}

存储过程需要若干个参数：{call procedure_name[(?,?,?,…)]}

返回一个结果参数：{?=call procedure_name[(?,?,?,…)]}

（七）ResultSet 接口

ResultSet 对象包含了 executeQuery 方法中 SELECT 查询的结果集，即符合指定 SQL 语句中条件的所有行。ResultSet 对象维护了一个指向表格数据行的游标，初始的时候，游标在第一行之前，调用 ResultSet.next() 方法，用于移动到 ResultSet 中的下一行，使下一行成为当前行。ResultSet 提供的都是用于获取数据的 get 方法：

获取任意类型的数据：getObject(int index) 或 getObject(string columnName)

获取指定类型的数据，如字符串类型：getString(int index) 或 getString(String columnName)

二、用 JavaBean 封装数据库访问操作

JDBC 封装数据库操作

在访问数据库时，每一次对数据库进行的操作都要进行一系列相同的操作：设置驱动程序，连接数据库，生成一条语句，进行 SQL 操作，最后断开连接。将这些操作全部放在 Web 页面中运行是很烦琐的，不利于日后维护，我们可以通过 JavaBean 封装业务逻辑建立一整套可重复利用的对象

库。在 JavaBean 中，通过 JDBC 访问数据库的步骤如下：

装载并注册数据库的 JDBC 驱动程序。装载驱动程序的方法有多种，本项目连接 SQL Server 2008 数据库的驱动是 sqljdbc4.jar 包（如果是连接 SQL Server 2017 数据库的 sqljdbc42.jar 包，均可在网上下载），直接在 MyEclipse 中当前项目上点击鼠标右键→Build Path → Add External Archives，弹出 JAR Selection 对话框，如图 5-12 所示，选择所要连接的数据库管理系统对应的驱动 JAR 包后，在项目 Referenced Libraries 中出现该 JAR 包，则驱动装载完成。

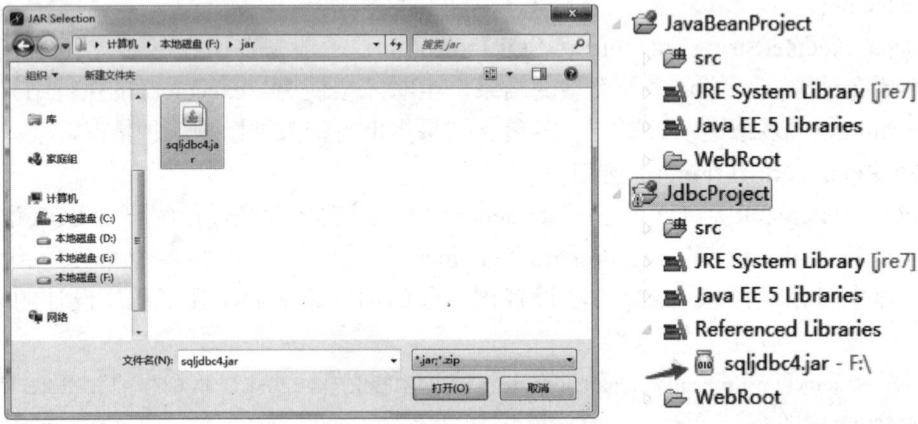

图 5-12　转载数据库驱动

建立数据库的连接；创建 Statement 对象，准备调用的 SQL 语句；调用 SQL 语句访问数据库；处理 ResultSet 中的记录集；关闭 ResultSet、Statement 和 Connection 对象。

例 5-2　编写数据库访问的 JavaBean，如图 5-13 所示。代码如下：

```
package com.chapter5;
import java.sql.*;
public class Test {
    public static void main(String arg[]) {
        Connection con=null;
        Statement st=null;
        ResultSet rs=null;
        try {
Class.forName("com.microsoft.sqlserver.jdbc.SQLServerDriver");
//SQL Server 2008 和 SQL Server 2017 加载数据库驱动的包路径是一致的
        } catch (ClassNotFoundException e) {
            e.printStackTrace();
        }
        try {con=DriverManager.getConnection("jdbc:sqlserver://localhost:1433;databaseName=student",
"sa", "123456");
        } catch (SQLException e) {
            e.printStackTrace();
        }
```

```
        try {
            st=con.createStatement();
        } catch (SQLException e) {
            e.printStackTrace();
        }
        try {
            rs=st.executeQuery("select * from xs");
        } catch (SQLException e) {
            e.printStackTrace();
        }
        try {
            while(rs.next()){
                System.out.println("学号:"+rs.getString(1)+"姓名:"+
                rs.getString(2)+"年龄:"+rs.getString(3)+"性别:"+rs.getString(4));
            }
        } catch (SQLException e) {
            e.printStackTrace();
        }
    }
}
```

图 5-13　控制台显示的学生信息查询结果

三、JDBC 数据库操作实例

例 5-3　JavaBean+JDBC 技术实现用户登录。

（1）编写 ConnectDbase.java，创建数据库的连接。代码如下：

```
package com.db;
import java.sql.*;
public class ConnectDbase {
    private String diverName ="com.microsoft.sqlserver.jdbc.SQLServerDriver";
```

```
        String url1 = "jdbc:sqlserver://localhost:1433;databaseName=login";
        private String userName = "sa";
        private String userPwd = "123456";
        Connection conn;
        public Connection getConnect() {
            try {
                Class.forName(diverName);
            } catch (ClassNotFoundException e) {
                e.printStackTrace();
            }
            try {
                conn = DriverManager.getConnection(url1, userName, userPwd);
            } catch (SQLException e) {
                e.printStackTrace();
            }
            return conn;
        }
}
```

（2）编写 User.java，创建查询，返回是否查找到相关登录信息。代码如下：

```
package com.db;
import java.sql.*;
public class User {
    private String name = null;
    private String password = null;
    public String getName() {
        return name;
    }
    public void setName(String name) {
        this.name = name;
    }
    public String getPassword() {
        return password;
    }
    public void setPassword(String password) {
        this.password = password;
    }
    public boolean yanzheng_user(String xm2, String mm2)
    throws SQLException, ClassNotFoundException {
        boolean f = false;
        ConnectDbase cdb = new ConnectDbase();
        Connection conn = cdb.getConnect();
        PreparedStatement pstmt = conn.prepareStatement("select * from denglu where name=? and 
password=?");
```

```
            pstmt.setString(1, xm2);
            pstmt.setString(2, mm2);
            ResultSet rs = pstmt.executeQuery();
            if (rs.next())
                f = true;
            else
                f = false;
            rs.close();
            pstmt.close();
            conn.close();
            return f;
    }
}
```

（3）编写 input.html，显示登录页面。代码如下：

```
<%@ page language="java" pageEncoding="GB2312" %>
<html>
  <head>
    <title> 用户登录页面 </title>
  </head>
  <body>
      <form action="show.jsp" method="post">
          用户名：<input type="text" name="name"><br><br>
          密    码：<input type="password" name="password"><br><br>
          <input type="submit" value="登录">
          </form>
  </body>
</html>
```

（4）编写 show.jsp，显示登录结果。代码如下：

```
<%@ page language="java" pageEncoding="gbk"%>
<html>
    <head>
        <title> 登入验证页面 </title>
    </head>
    <body>
        <%
            request.setCharacterEncoding("gbk");
        %>
        <jsp:useBean id="us" class="com.db.User" scope="page">
            <jsp:setProperty name="us" property="*" />
        </jsp:useBean>
        <%
            if (us.yanzheng_user(us.getName(), us.getPassword())){
        %>
```

```
            <%=us.getName()%>：登录成功！ <br>
            <%
                } else {
            %>
            <%=us.getName()%>：登录失败！ <br>
            <%
                }
            %>
        </body>
</html>
```

测试本程序，当用 zhangsan 账号和对应密码登录时，在数据库中能够找到该用户信息，登录成功，如图 5-14 所示。

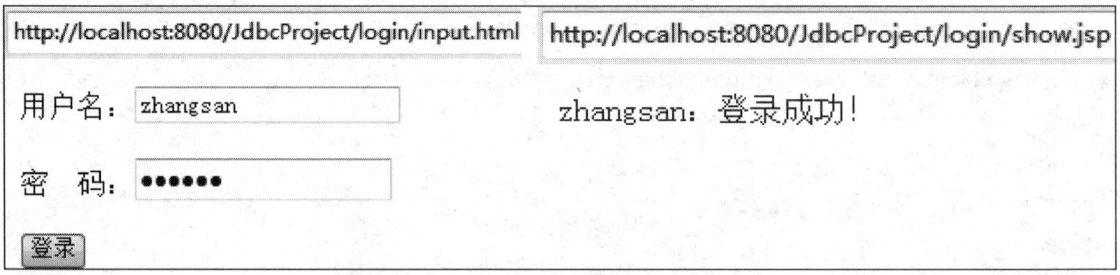

图 5-14　zhangsan 账号登录成功

当用 lisi 账号和对应密码登录时，在数据库中找不到该用户信息，登录失败，如图 5-15 所示。

图 5-15　lisi 账号登录失败

第四节　数据库连接池的访问类实现

一、为什么使用数据库连接池

在 JDBC 编程中，每次创建和断开 Connection 对象都会消耗一定的时间和 IO 资源，频繁地创建、断开数据库连接势必会影响数据库的访问效率，如果访问数据库的次数过于频繁，这个过程就会非常浪费系统资源，并直接影响运行速度。如果关闭不及时或者查询程序存在 Bug，就会因内存耗尽而最终导致系统崩溃。为了避免频繁地创建数据库连接，数据库连接池技术被提出，系统可以通过连接池来实现对数据库的访问。

二、数据库连接池的工作原理

数据库连接池的基本思想就是为数据库连接建立一个“缓冲池”，预先在缓冲池中放入一定数量的连接，当需要建立数据库连接时，只需从“缓冲池”中取出一个连接，使用完毕之后再放回去。其工作原理如图 5-16 所示。

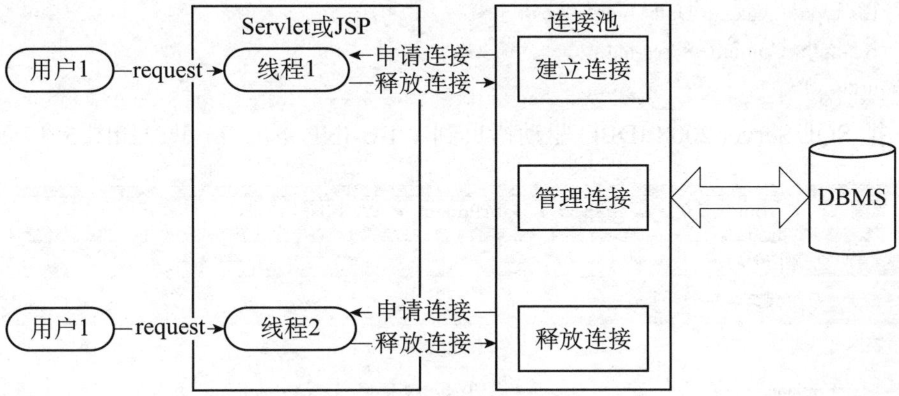

图 5-16　数据库连接池的工作原理

数据库连接池的优点：

创建一个新的数据库连接所耗费的时间主要取决于网络的速度以及应用程序和数据库服务器的（网络）距离，而且这个过程通常是一个很耗时的过程。而采用数据库连接池后，数据库连接请求可以直接通过连接池满足而不需要为该请求重新连接到数据库服务器，这样就节省了时间，提高了性能。

数据库连接池的缺点：

服务器启动就会创建一定数量的数据库连接，项目实施中，数据库连接池中可能存在多个没有被使用的连接一直连接着数据库，这意味着资源的浪费。

数据库连接池访问

三、创建连接池进行数据库访问

在 Java Web 开发中创建连接池的方法有很多种，本书主要介绍在 Tomcat 服务器中使用配置文件实现连接池的创建。具体步骤如下：

（1）在项目中的 META-INF 文件夹中创建一个 context.xml 文件。

```
<?xml version="1.0" encoding="UTF-8"?>
<Context reloadable="true" crossContext="true">
<WatchedResource>WEB-INF/web.xml</WatchedResource>
<Resource name="jdbc/student" auth="Container"
    type="javax.sql.DataSource"
    driverClassName="com.microsoft.sqlserver.jdbc.SQLServerDriver"
```

```
        url="jdbc:sqlserver://localhost:1433;DataBaseName=student"
        username="sa" password="123456" maxActive="100" maxIdle="30"
        maxWait="1000" />
</Context>
```

（2）打开 WEB-INF 下的 Web.xml 文件。

```
<resource-ref>
    <description>NorthWind</description>
    <res-ref-name>jdbc/wshopData</res-ref-name>
    <res-type>javax.sql.DataSource</res-type>
    <res-auth>Container</res-auth>
</resource-ref>
```

（3）把 SQL Server 2008 JDBC 驱动拷贝到 WEB-INF 下的 lib 里，如图 5-17 所示。

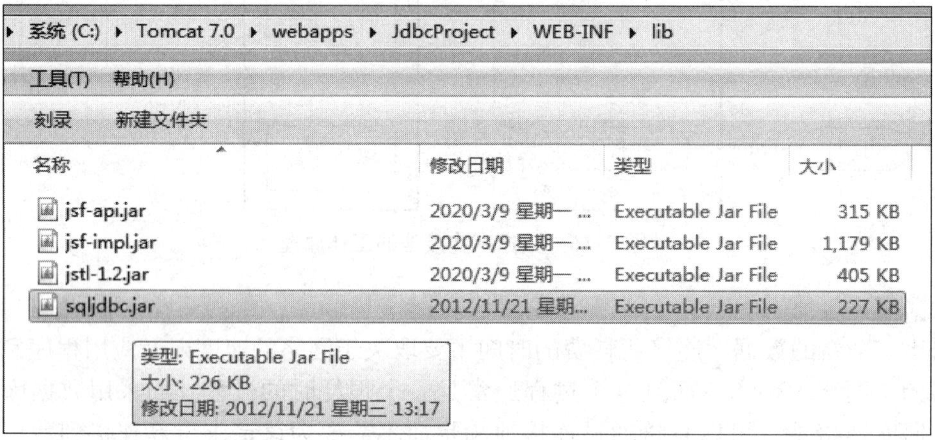

图 5-17　sqljdbc.jar 拷贝到项目 lib 目录中

（4）测试代码：

```
<%@ page language="java" contentType="text/html;charset=utf-8"
    import="java.sql.*, javax.sql.*, javax.naming.*"%>
<html xmlns="http://www.w3.org/1999/xhtml" lang="en" xml:lang="en">
    <head>
        <meta http-equiv="content-type" content="text/html; charset=utf-8" />
        <title> 数据库连接池测试 </title>
    </head>
    <body>
        <table border="1">
            <%
                DataSource ds = null;
                InitialContext ctx = new InitialContext();
                ds = (DataSource)ctx.lookup("java:comp/env/jdbc/student");
                Connection conn = ds.getConnection();
                Statement stmt = conn.createStatement();
```

```
                String strSql = "SELECT * FROM xsxx";
                ResultSet rs = stmt.executeQuery(strSql);
                while (rs.next()) {
            %>
            <tr>
                学号:<td><%=rs.getString(1)%></td>
                姓名:<td><%=rs.getString(2)%></td>
                年龄:<td><%=rs.getString(3)%></td>
                性别:<td><%=rs.getString(4)%></td>
            </tr>
            <%
                }
            %>
        </table>
    </body>
</html>
```

第五节　数据库访问技术应用开发实例

本章应用开发实例，设计一个具备增删查改功能的商品管理系统项目，商品信息包含编号（自动编号）、商品大类、商品名称和商品单价。商品信息数据表设计如图 5-18 所示。

列名	数据类型	允许 Null 值
id	int	☐
kind	varchar(50)	☑
goodsname	varchar(50)	☑
price	float	☑
		☐

图 5-18　商品信息数据表设计

（1）应用 JavaBean 技术编写连接和操作数据库的类 db.java。

```
package goods;
import java.sql.*;
public class db {
    private String driver = "com.microsoft.sqlserver.jdbc.SQLServerDriver";
    private String url = "jdbc:sqlserver://localhost:1433;databaseName=store";
    private String user = "sa";
    private String password = "123456";
    private Connection conn = null;
    private Statement stmt = null;
```

```
    public db() {
        try {
            Class.forName(driver);
            conn = DriverManager.getConnection(url, user, password);
            stmt = conn.createStatement();
        } catch (Exception ex) {
            System.out.println("无法同数据库建立连接！ ");
        }
    }
    public int executeUpdate(String s) {
        int result = 0;
        try {
            result = stmt.executeUpdate(s);
        } catch (Exception ex) {
            System.out.println("执行更新错误！ ");
        }
        return result;
    }
    public ResultSet executeQuery(String s) {
        ResultSet rs = null;
        try {
            rs = stmt.executeQuery(s);
        } catch (Exception ex) {
            System.out.println("执行查询错误！ ");
        }
        return rs;
    }
    public void close() {
        try {
            stmt.close();
            conn.close();
        } catch (Exception e) {
        }
    }
}
```

（2）编写 showgoods.jsp 页面，显示所有商品。

```
<%@ page language="java" contentType="text/html; charset=gb2312"
    pageEncoding="UTF-8" import="java.sql.*"%>
<html>
<head>
<meta http-equiv="Content-Type" content="text/html; charset=gb2312">
<title> 超市商品管理系统 </title>
</head>
```

```
<body>
  <p align="center"> <a href=add.jsp> 增加商品信息 </a></p>
    <table border="1" align="center" >
    <tr><td> 编号 <td> 商品大类 <td> 商品 <td> 单价 <td> 管理
    <jsp:useBean id="db" class="goods.db" scope="page"/>
    <%
    String s="select * from goods_info";
    ResultSet rs=db.executeQuery(s);
    while(rs.next())
    {
    int id=rs.getInt(1);
    out.println("<tr><td>"+rs.getString(1)+"</td><td>"+rs.getString(2)+"</td><td>"+rs.getString(3)+"</td><td>"+rs.getString(4)+"</td><td><a href='del.jsp?id="+id+"'> 删除 </a> <a href='edit.jsp?id="+id+"'> 修改 </a></td></tr>");
    }
    rs.close();
    db.close();
    %>
    </table>
</body>
```

运行 showgoods.jsp 页面，显示商品信息，如图 5-19 所示。

编号	商品大类	商品	单价	管理
2	蔬菜	大白菜	2.74	删除 修改
3	蔬菜	黄瓜	4.99	删除 修改
4	蔬菜	生菜	3.8	删除 修改
5	蔬菜	胡萝卜	0.99	删除 修改
6	蔬菜	土豆	1.35	删除 修改
7	粮食	大米	2.25	删除 修改
8	粮食	小米	4.5	删除 修改
9	粮食	低筋面粉	5.99	删除 修改
10	粮食	高筋面粉	6.7	删除 修改
11	粮食	绿豆	3.5	删除 修改
12	调料	海天黄豆酱	10.0	删除 修改
13	调料	葱伴侣	15.0	删除 修改
14	调料	香菇酱	9.99	删除 修改
15	调料	火锅料	24.0	删除 修改

图 5-19　显示商品信息页面

（3）编写 add.jsp 页面，添加商品。

```
<%@ page language="java" contentType="text/html; charset=gb2312"
    pageEncoding="UTF-8" import="java.sql.*"%>
<html>
```

```
<head>
<meta http-equiv="Content-Type" content="text/html; charset=gb2312">
<title> 增加商品 </title>
</head>
<body>
  <form action="add.jsp" method="post">
<table >
<CAPTION> 添加商品信息 </CAPTION>
  <tr>
    <th width="30%"> 商品大类：</th>
    <td width="70%"><input name="kind" type="text"></td>
  </tr>
  <tr>
    <th> 商品名称 </th>
    <td><input name="goodsname" type="text"></td>
  </tr>
  <tr>
    <th> 单价：</th>
    <td><input name="price" type="text"> 元 </td>
  </tr>
  <tr>
    <th colspan="2">
    <input type="submit" name="submit" value="添加">
    <input type="reset" value="重置">
    </th>
  </tr>
</table>
</form>
<jsp:useBean id="db" class="goodsdb" scope="page"/>
<%
request.setCharacterEncoding("gb2312");
String submit=request.getParameter("submit");
if(submit!=null&&!submit.equals(""))
{
    String   kind=request.getParameter("kind");
    String   goodsname=request.getParameter("goodsname");
    String   price=request.getParameter("price");
    String sql="insert into goods_info(kind,goodsname,price) values('"+kind+"','"+goodsname+"',
"+price+")";
    int i=db.executeUpdate(sql);
    if(i!=-1)
    {
    out.println("<script language='javaScript'> alert('添加成功，点击确定跳转到主页 !');</script>");
```

```
        response.setHeader("refresh","2;url=showgoods.jsp");
        }
        else{
        out.println("<script language='javaScript'> alert('添加失败，点击确定返回添加页面！ ');</script>");
        response.setHeader("refresh","2;url=add.jsp");
        }
        db.close();
    }
    %>
    </body>
    </html>
```

（4）编写 del.jsp 页面，删除所选商品。

```
    <%@ page language="java" contentType="text/html; charset=gb2312"
        pageEncoding="UTF-8" import="java.sql.*" %>
    <html>
    <head>
    <meta http-equiv="Content-Type" content="text/html; charset=gb2312">
    <title> 删除商品 </title>
    </head>
    <body>
      <jsp:useBean id="db" class="goodsdb" scope="page"/>
        <%
        request.setCharacterEncoding("gb2312");
        String id=request.getParameter("id");
        int i=db.executeUpdate("delete from goods_info where id="+id);
        if(i==1)
            {out.println("<script language='javaScript'> alert('删除成功，点击确定后自动跳到主页！ ');</
script>");
            response.setHeader("refresh","1;url=showgoods.jsp");
            }
            else{
            out.println("<script language='javaScript'> alert('删除失败，点击确定后自动跳到主页！ ');</
script>");
            response.setHeader("refresh","1;url=del.jsp");
            }
         db.close();
        %>
    </body>
    </html>
```

分别运行 add.jsp 和 del.jsp 页面，成功添加和删除商品，如图 5-20 所示。

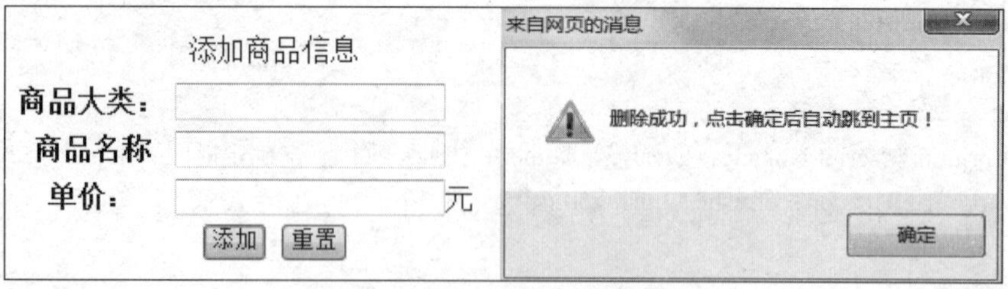

图 5-20　添加和删除商品页面

（5）编写 edit.jsp 页面，更改已有商品信息。

```
<%@ page language="java" contentType="text/html; charset=gb2312"
    pageEncoding="UTF-8" import="java.sql.*"%>
<html>
<head>
<meta http-equiv="Content-Type" content="text/html; charset=gb2312">
<title> 修改商品信息 </title>
</head>
<body>
  <jsp:useBean id="db" class="goodsdb" scope="page"/>
  <%
  request.setCharacterEncoding("gb2312");
  String id=request.getParameter("id");
  ResultSet rs=db.executeQuery("select * from goods_info where id="+id);
  rs.next();
   %>
   <form action="update.jsp" method="post">
     <table border="1" width="50%"  >
     <CAPTION> 修改商品信息 </CAPTION>
     <tr>
           <th width="30%"> 商品大类：</th>
               <td width="70%">
               <input name="kind" type="text" value="<%=rs.getString(2)%>"></td>
     </tr>
     <tr>
       <th> 商品名称：</th>
       <td><input name="goodsname" type="text" value="<%=rs.getString(3)%>"></td>
     </tr>
     <tr>
       <th> 价格：</th>
       <td><input name="price" type="text" value="<%=rs.getString(4)%>"> 元 </td>
     </tr>
     <tr>
       <th colspan="2">
       <input type="hidden" name="id" value="<%=id%>">
```

```
            <input type="submit" value="修改">
            <input type="reset" value="重置">
            </th>
          </tr>
        </table>
    </form>
    <%
      db.close();
     %>
    </body>
    </html>
```

运行 edit.jsp 页面，修改商品信息，如图 5-21 所示。

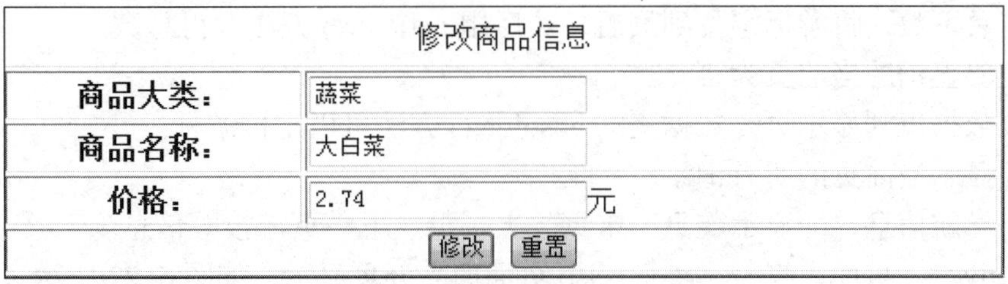

图 5-21　修改商品信息页面

（6）编写 update.jsp 页面，更新 edit.jsp 页面提交的商品信息。

```
    <%@ page language="java" contentType="text/html; charset=gb2312" import="java.sql.*" errorPage="error.
jsp"%>
    <html>
      <head>
        <title> 商品修改完成 </title>
     </head>
      <body>
       <jsp:useBean id="db" class="goods.db" scope="page"/>
      <%
      request.setCharacterEncoding("gb2312");
      String kind=request.getParameter("kind");
      String goodsname=request.getParameter("goodsname");
      String price=request.getParameter("price");
      String id=request.getParameter("id");
      String sql="update goods_info set kind='"+kind+"', goodsname='"+goodsname+"', price="+price+"
where id="+id;
      int i=db.executeUpdate(sql);
        if(i==1)
        {out.println("<script language='javaScript'> alert('修改成功，点击确定后自动跳到主页。');</
script>");
        response.setHeader("refresh","1;url=showgoods.jsp");
```

```
            return;
        }
    db.close();
     %>
    </body>
</html>
```

（7）showgoods.jsp 页面数据分页。在图 5-19 中，showgoods.jsp 将商品信息全部展示在一个页面，因为商品较多，当我们想查看所有商品的时候，需要用下拉滚动条来浏览所有商品信息。在页面显示信息时，创建一个良好的浏览环境，就需要把查询的信息分页以方便用户查看，这就是数据分页技术。分页的基本步骤为：

①初始化，如设定每页显示数据记录行数。

②从数据库提取要显示的数据。

③确定总页数，将游标定位到最后，然后用 getRow() 方法取得总数。

④确定要显示的当前页为第几页。

⑤定位数据集到显示页，数据集的 absolute() 方法可以定位游标。

⑥循环显示当前页的所有记录。

⑦输出导航信息，即显示首页、末页、上一页、下一页链接等信息。

编写 fenye.jsp 页面，将 showgoods.jsp 页面商品分页显示，如图 5-22 所示。代码如下：

```
<%@ page language="java" contentType="text/html; charset=gb2312"
        pageEncoding="UTF-8" import="java.sql.*"%>
<html>
        <head>
            <meta http-equiv="Content-Type" content="text/html; charset=gb2312">
            <title> 超市商品管理系统 </title>
        </head>
        <body>
            <table border="1" style="border-color: blue" align="center">
                <tr>
                    <td> 编号 <td> 商品大类 <td> 商品 <td> 单价 <td> 管理 </tr>
            <%
        Class.forName("com.microsoft.sqlserver.jdbc.SQLServerDriver");
                            Connection con = DriverManager.getConnection(
        "jdbc:sqlserver://localhost:1433;databaseName=store", "sa", "123456");
                        String sql = "select * from goods_info ";
        Statement stmt = con.createStatement(
                                ResultSet.TYPE_SCROLL_INSENSITIVE,
                                    ResultSet.CONCUR_READ_ONLY);
                            ResultSet rs = stmt.executeQuery(sql);
                            int pageSize = 7; // 每页显示的记录行数
                            int recordCount; // 总记录行数
                            int maxPage; // 总页数
                            int nowPage; // 当前页
```

```
            String s = "select * from goods_info";
            rs.last();
            recordCount = rs.getRow();
            maxPage = (recordCount % pageSize == 0) ? (recordCount / pageSize):
            (recordCount / pageSize + 1);
    String str = request.getParameter("page");
            nowPage = (str == null) ? 1 : Integer.parseInt(str);
            if (nowPage < 1) {
                nowPage = 1;
            } else {
                if (nowPage > maxPage) {
                    nowPage = maxPage;
                }
            }
        rs.absolute((nowPage - 1) * pageSize + 1);
    for (int num = 1; num <= pageSize; num++) {
                out.println("<tr><td>"
                        + rs.getString(1)
                        + "</td><td>"
                        + rs.getString(2)
                        + "</td><td>"
                        + rs.getString(3)
                        + "</td><td>"
                        + rs.getString(4)
                        + "</td><td><a href='del.jsp'> 删除 </a> <a href='edit.jsp'>
                        修改 </a></td></tr>");
                if (!rs.next()) {
                    break;
                }
            }
            rs.close();
            stmt.close();
            con.close();
        %>
    <tr>
        <td colspan="5" align="center">
            <%
                if (nowPage > 1) {
            %>
    <a href="fenye.jsp?page=1"> 第一页 </a> 
    <a href="fenye.jsp?page=<%=nowPage - 1%>"> 上一页 </a> 
            <%
                }
```

```
                %>
                第 <%=nowPage%> 页
                <%
                    if (nowPage < maxPage) {
                %>
        <a href="fenye.jsp?page=<%=nowPage + 1%>"> 下一页 </a> 
        <a href="fenye.jsp?page=<%=maxPage%>"> 最后一页 </a>
                <%
                    }
                %>
            </td>
        </tr>
    </body>
</html>
```

编号	商品大类	商品	单价	管理
3	蔬菜	黄瓜	4.99	删除 修改
4	蔬菜	生菜	3.8	删除 修改
5	蔬菜	胡萝卜	0.99	删除 修改
6	蔬菜	土豆	1.35	删除 修改
7	粮食	大米	2.25	删除 修改
8	粮食	小米	4.5	删除 修改
9	粮食	低筋面粉	5.99	删除 修改
第1页 下一页 最后一页				

编号	商品大类	商品	单价	管理
10	粮食	高筋面粉	6.7	删除 修改
11	粮食	绿豆	3.5	删除 修改
12	调料	海天黄豆酱	10.0	删除 修改
13	调料	葱伴侣	15.0	删除 修改
14	调料	香菇酱	9.99	删除 修改
15	调料	火锅料	24.0	删除 修改
16	调料	盐	1.0	删除 修改
第一页 上一页 第2页 下一页 最后一页				

图 5-22　分页显示商品信息

小　结

本章介绍了 JDBC 的基本原理，以及 JDBC-ODBC 桥接和 JDBC 专用驱动两种连接数据库的方式；学习了连接数据库的步骤及 DriverManager 类、Connection 接口、Statement 接口、ResultSet 接口；学习了利用 executeQuery() 方法查询数据库，利用 executeUpdate() 方法更新数据库，利用 PreparedStatement 预编译 SQL 语句，利用 CallableStatement 执行存储过程；在商品管理系统案例中，实现了页面的分页功能。

习　题

一、选择题

1. 下述选项中，不属于 JDBC 基本功能的是（　　）。

A．与数据库建立连接　　B．提交 SQL 语句

C．处理查询结果　　D．数据库维护管理

2. 下面加载 JDBC 数据库驱动的语句：

```
Class.forName("sun.jdbc.odbc.JdbcOdbcDriver");
```

该程序加载的是哪个驱动？（　　）

A．JDBC-ODBC 桥连接驱动　　　　　B．部分 Java 编写本地驱动

C．本地协议纯 Java 驱动　　　　　　D．网络纯 Java 驱动

3．使用 Resultset 对象的 next() 方法移动光标时，如果超过界限，会抛出（　　）异常。

A．InterruptedException　　　　　B．AlreadyBoundException

C．SQLException　　　　　　　　　D．NetException

4．在 myproject 项目中的 abc.jsp 页面中，有如下代码：

```
<% Game game=request.getAttribute("gameEntity"); %>
<%=game.getGameName()%>
```

在浏览器中输入 http://localhost:8080/myproject/showgame.jsp，出现 500 错误，报出异常为 NullPointerException，造成该问题的原因可能是：（　　）。

A．jsp 文件路径不对

B．game 对象没有用 new 初始化

C．getGameName() 方法未定义

D．参数名称所代表的对象在请求中根本就不存在

5．下列代码中 rs 为查询得到的结果集，代码运行后表格每一行有几个单元格？（　　）

```
out.print("<tr>");
out.print("<td>"+rs.getString(1)+"</td>");
out.print("<td>"+rs.getString(2)+"</td>");
out.print("<td>"+rs.getString(3)+"</td>");
out.print("<td>"+rs.getString("publish")+"</td>");
out.print("<td>"+rs.getFloat("price")+"</td>");
out.print("</tr>");
```

A．3　　　　B．4　　　　C．5　　　　D．6

二、填空题

1．Statement 类提供了执行 SQL 语句方法，其中用来执行更新操作的方法是________。

2．负责处理驱动的调入并产生对新的数据库连接支持的接口是________。

3．Web 服务器通过________获取用户信息。

4．JDBC 提供实现执行 SQL 语句的类，其中执行简单不带参数 SQL 语句的是________类。

5．在 JSP 页面中，能够完成输出操作的内置对象是________。

三、上机实训题

1．在 SQL Server 2008 中创建数据库 userdb，访问 userdb 数据库的用户名为 sa，密码为 123456。数据库中有表 user_table，表的数据记录见表 5-1：

表 5-1 表的数据记录

Sno	Sname	Sclass	Score
14190601001	张三	软件技术 191 班	90
14190702001	李四	计算机应用技术 192 班	80
14190801001	赵六	网络技术 191 班	89
14190601002	王五	软件技术 191 班	93

要求：

（1）设计 main.jsp 页面，连接到 userdb 数据库，访问 user_table;

（2）查询数据库中的学生信息；

（3）修改查询到的学生信息。

2. 在本章实例商品管理系统项目中实现分页显示，试设计程序代码在分页实现中实现选择跳转到指定页面的功能。

第 6 章

MVC 模式下的 Servlet 技术

❑ 学习目标

- 了解 Servlet 的工作原理、生命周期和方法。
- 掌握如何创建 Servlet 类并部署运行 Servlet。
- 理解 MVC 设计思想、MVC 中 Servlet 的作用。
- 掌握 MVC+DAO 设计模式的方法及其组成类。
- 学会运用 MVC+DAO 设计模式开发 Web 项目。

第一节　Servlet 简述

Servlet 是 Java Servlet 的简称，称为用 Java 编写的服务器端程序，具有独立于平台和协议的特性。在 Java Web 开发设计中应用 Servlet 技术，作为来自 Web 浏览器或其他 HTTP 客户端的请求和 HTTP 服务器上的数据库或应用程序之间的中间层，动态地扩展服务器的能力。

一、什么是 Servlet

狭义的 Servlet 是指 javax.servlet.Servlet 包中定义的一个接口，广义的 Servlet 是指任何实现了这个 Servlet 接口的类。Servlet 运行于支持 Java 的应用服务器中，可以响应任何类型的请求，但绝大多数情况下 Servlet 只用来扩展基于 HTTP 协议的 Web 服务器。最早支持 Servlet 标准的就是 JavaSoft 的 Java Web Server。

什么是 Servlet

二、Servlet 的工作原理

Servlet 通过创建一个框架来扩展服务器的能力，以提供在 Web 上进行请求和响应服务。当客户机发送请求至服务器时，服务器可以将请求信息发送给 Servlet，并让 Servlet 建立起服务器返回给客户机的响应。当启动 Web 服务器或客户机第一次请求服务时，可以自动装入 Servlet。装入后，Servlet 继续运行直到其他客户机发出请求。这个过程为：

（1）客户端发送请求至服务器端。

（2）服务器将请求信息发送至 Servlet。

（3）Servlet 生成响应内容并将其传给服务器，响应内容动态生成取决于客户端请求。

（4）服务器将响应返回给客户端。

Servlet 的工作过程如图 6-1 所示。

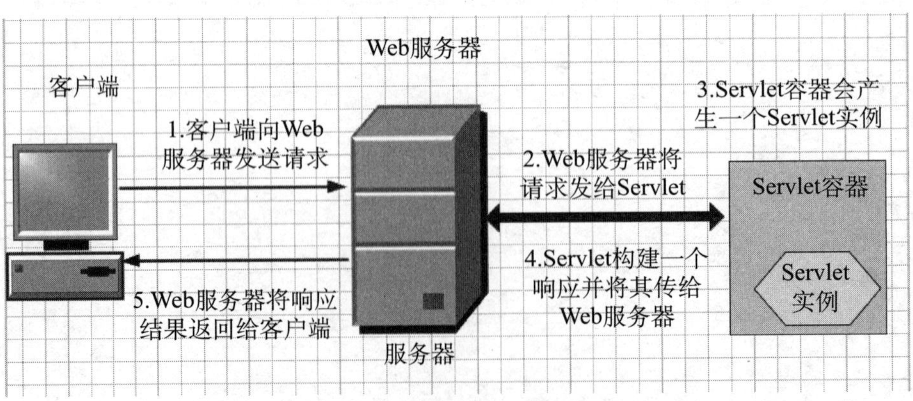

图 6-1　Servlet 的工作过程

Servlet 看起来像是 Java 程序，一个 Servlet 可以说就是 Java 编程语言中的一个类，可以导入特定的属于 Java Servlet API 的包，可以动态地从网络上加载，Servlet 对 Server 就如同 Applet 对 Client 一样。

三、Servlet 的生命周期

Servlet 生命周期是一个 Servlet 从创建直到毁灭的整个过程，可以被定义为一个 Servlet 如何被加载、初始化，以及它怎样接收请求、响应请求，直至结束提供服务的过程。Servlet 接口中定义了 5 种方法，其中有 3 种方法代表了 Servlet 的生命周期，如图 6-2 所示。

Servlet 的生命周期

（1）Servlet 通过调用 init() 方法进行初始化。

（2）Servlet 调用 service() 方法来处理客户端的请求，选择 doGet 或 doPost 方法。

（3）Servlet 通过调用 destroy() 方法终止。

（4）Servlet 是由 JVM 的垃圾回收器进行垃圾回收的。

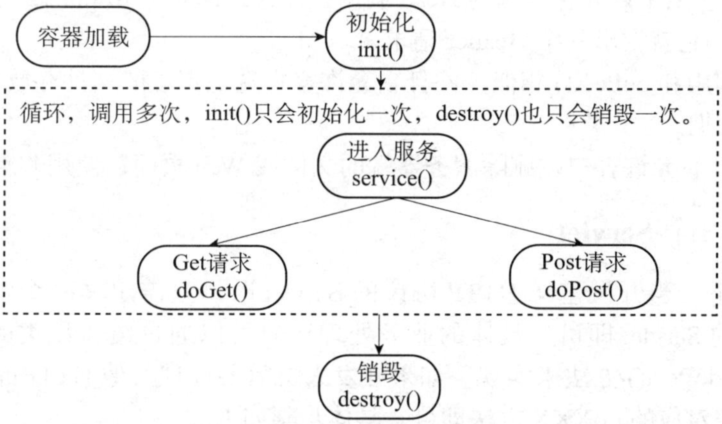

图 6-2　Servlet 的生命周期

1．init() *方法*

Servlet 实例一旦被创建出来，便调用 init() 方法进行初始化，init() 方法被设计成只调用一次，相当于一次性初始化。init() 方法简单地创建或加载一些数据，这些数据将被用于 Servlet 的整个生命周期。

2．service() *方法*

service() 方法是执行实际任务的主要方法。Web 服务器调用 service() 方法处理来自客户端的请求，并把格式化的响应写回给客户端。每次服务器接收到一个 Servlet 请求时，服务器会产生一个新的线程并调用服务。实际编程过程不用对 service() 方法做任何动作，用户只需要根据来自客户端的请求类型来重写 doGet() 或 doPost() 即可。

3．destroy() *方法*

destroy() 方法只会被调用一次，在 Servlet 生命周期结束时被调用。当 Web 服务器认为此 Servlet 没有存在的必要、类重新加载、服务器关闭、长时间未被访问时，则此

Servlet 可以从内存中被销毁。在调用 destroy() 方法之后，Servlet 对象被标记为垃圾回收。

四、Java Servlet API

Java Servlet 开发工具（JSDK）提供了多个软件包，在编写 Servlet 时需要用到这些软件包。在 javax.servlet 包中定义了所有 Servlet 类都必须实现或扩展的通用接口和类。在 javax.servlet.http 包中定义了采用 HTTP 通信协议的 HttpServlet 类。Servlet 框架的核心是 javax.servlet.Servlet 接口，所有的 Servlet 都必须实现这一接口。

当 Web 容器接收到某个 Servlet 请求时，Servlet 把请求封装成 HttpServletRequest 对象，然后把对象传给 Servlet 的对应的服务方法。在 HttpServlet 类中分别提供了相应的服务方法：

doGet()：调用服务器的资源，并将其作为响应返回给客户端。doGet() 调用在 URL 里显示正在传送给 Servlet 的数据。

doPost()：它用于把客户端的数据传给服务器端，使用它可以以隐藏方式给服务器端发送数据，Post 适合发送大量数据。

doHead()：它用于处理客户端的 Head 调用，并且返回一个 response。当客户端只需响应的 Header 时，它就发出一个 Header 请求。

doPut()：调用和 doPost() 相似，并且它允许客户端把真正的文件存放在服务器上，而不仅仅是传送数据。

doDelete()：它允许客户端删除服务器端的文件或 Web 页面，使用非常少。

五、创建一个 Servlet

一般情况下，当开发基于 HTTP 协议的 Servlet 时，只需定义一个继承 HttpServlet 的 Servlet 即可，具体的业务处理代码可以通过覆盖该类的 doGet() 方法和 doPost() 方法来实现。如果开发人员需要处理其他 HTTP 请求，则只要覆盖对应的 doXXX 方法即可。具体步骤如下：

创建一个 Servlet

（1）继承 HttpServlet 抽象类。

（2）覆盖 HttpServlet 的部分方法，如覆盖 doGet() 或 doPost() 方法。

（3）获取 HTTP 请求信息，通过 HttpServletRequest 对象来检索 HTML 表单所提交的数据或 URL 上的查询字符串。

（4）生成 HTTP 响应结果，通过 HttpServletResponse 对象生成响应结果，它有一个 getWriter() 方法，该方法返回一个 PrintWriter 对象。

例 6-1 在 MyEclipse 创建一个 Servlet。

（1）在 MyEclipse 中创建一个 Web Project，名称为 TestServlet，如图 6-3 所示。

（2）在 TestServlet 中依次点击 File → New → Servlet，如果在级联菜单中找不到 Servlet，可以选择依次点击 File → New → others... 进入向导框，找到并创建 Servlet，名称为 MyServlet，如图 6-4 所示。

（3）在 MyServlet 可以看到已经生成了部分代码，覆盖 doGet 和 doPost 方法。

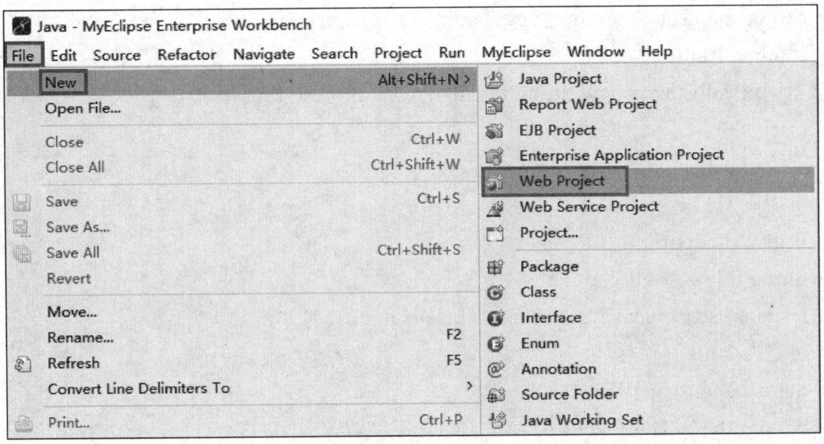

图 6-3　创建一个 Web Project

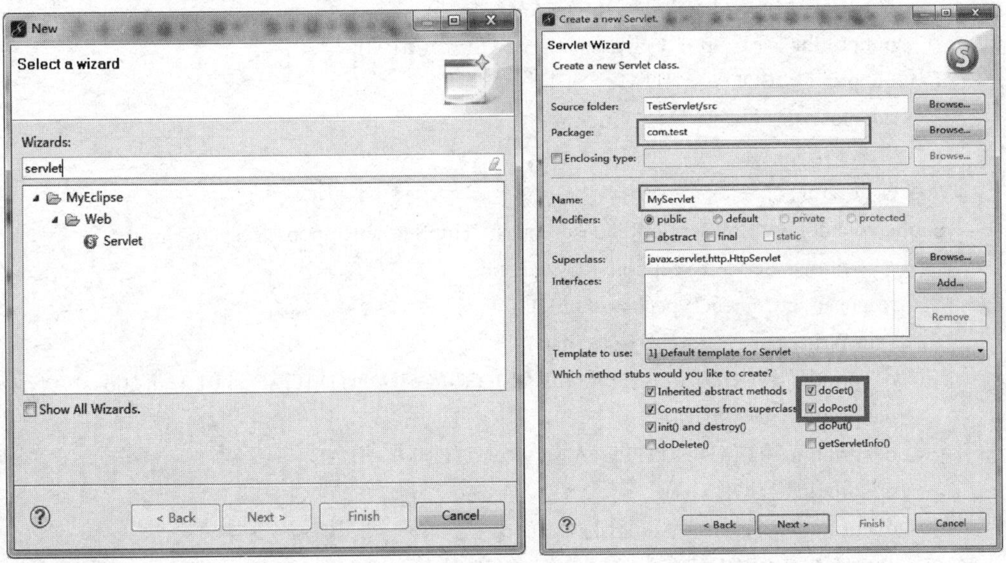

图 6-4　创建一个 Servlet

```
package com.test;
import java.io.IOException;
import java.io.PrintWriter;
import javax.servlet.ServletException;
import javax.servlet.http.HttpServlet;
import javax.servlet.http.HttpServletRequest;
import javax.servlet.http.HttpServletResponse;
public class MyServlet extends HttpServlet {
//扩展 HttpServlet 抽象类，覆盖 doGet() 方法
    public void doGet(HttpServletRequest request，HttpServletResponse response)
            throws IOException，ServletException {
        //获取 HTTP 请求中的参数信息
```

```
        String clientName = request.getParameter("clientName");
        if (clientName != null)
            clientName = new String(clientName.getBytes("ISO-8859-1"), "GB2312");
        else
            clientName = "My Servlet";
        // 生成 HTTP 响应结果
        PrintWriter out;
        String title = "HelloServlet";
        response.setContentType("text/html;charset=GB2312");
        // 完成 html 页面输出
        out = response.getWriter();
        out.println("<!DOCTYPE HTML PUBLIC \"-//W3C//DTD HTML 4.01 Transitional//EN\">");
        out.print("<HTML><HEAD><TITLE>" + title + "</TITLE>");
        out.print("</HEAD><BODY>");
        out.print("MyServlet 的 doGet 方法的输出：");
        out.println("<h1><p>" + clientName + ": 您好 </h1>");
        out.print("</BODY></HTML>");
        out.close();
    }
    // 覆盖 doPost() 方法
    public void doPost(HttpServletRequest request, HttpServletResponse response)
            throws ServletException, IOException {
        response.setContentType("text/html");
        PrintWriter out = response.getWriter();
        out.println("<!DOCTYPE HTML PUBLIC \"-//W3C//DTD HTML 4.01 Transitional//EN\">");
        out.println("<HTML>");
        out.println("<HEAD><TITLE>A Servlet</TITLE></HEAD>");
        out.println("<BODY>");
        out.print("MyServlet 的 doPost 方法的输出：");
        out.println("</BODY>");
        out.println("</HTML>");
        out.flush();
        out.close();
    }
}
```

如例 6-1 代码所示，用户开发的 Servlet 一般直接继承 HttpServlet，构造函数是直接调用父类构造函数，重写 doGet() 和 doPost() 方法。在 doGet() 方法上可以看到 HttpServletRequest 与 HttpServletResponse 两个参数，容器接收到客户端的 HTTP 请求后，会收集 HTTP 请求中的信息，并分别创建代表请求与响应的 Java 对象，而后在调用 doGet() 时将这两个对象当作参数传入。

在例 6-1 中，Servlet 代码完成客户端的静态部分（Html）内容，采用 out.println() 方法直接输出而实现，这是 Servlet 最糟糕的方面之一，这种做法很原始。如果 Html 再复杂一点，不难想象其代码有多复杂。

Servlet 程序编写完成后，需要对其进行编译。编译后得到的 Servlet 字节码文件存放在 Tomcat 安装根目录 \webapps\<Web 应用的根 URL 目录 >\WEN-INF\classes\ 目录中，如图 6-5 所示。

图 6-5　编译后的 MyServlet 存放位置

（4）在 web.xml 中部署 Servlet：

```
<servlet>
    <description>This is the description of my J2EE component</description>
    <display-name>This is the display name of my J2EE component</display-name>
    <servlet-name>MyServlet</servlet-name>
    <servlet-class>com.test.MyServlet</servlet-class>
  </servlet>
 <servlet-mapping>
    <servlet-name>MyServlet</servlet-name>
    <url-pattern>/servlet/MyServlet</url-pattern>
  </servlet-mapping>
```

部署 Servlet 主要是在 web.xml 中进行配置。通常在每个 Web Project 路径的 WEN-INF 目录下，都要有一个称为 Web 应用程序部署描述文件的 web.xml，该例中对编译完成的 MyServlet 在 web.xml 中定义和映射。

<Servlet> 元素：用以在 Servlet 容器中注册一个 Servlet，在 web.xml 中可以有 <Servlet> 元素，每个 <Servlet> 元素包含两个主要子元素，即 <Servlet-name> 和 <Servlet-class>，它们分别用以设置 Servlet 的注册名和指定 Servlet 的包名。

<Servlet-mapping> 元素：用于配置 Servlet 的 URL 映射，一个 <Servlet-mapping> 元素用于映射一个已注册的 Servlet。<Servlet-mapping> 元素包含两个子元素，即 <Servlet-name> 和 <url-pattern>，它们分别对应 Servlet 的注册名和客户端访问该 Servlet 访问路径的 URL。<url-pattern> 子元素必须以表示 Web 应用程序根目录的正斜杠（/）开始，而不能是整个 Web 应用的根目录。路径名可以是多级目录的形式，也可以是单级目录的形式，同一个 Servlet 也可以配置多个 URL 映射。

（5）在客户端访问 Servlet：

启动 Java Web 服务器（如 Tomcat），在浏览器的地址栏中输入：

http://localhost:8080/TestServlet/servlet/MyServlet

其中 /servlet/MyServlet 为 <url-pattern> 声明的 URL 地址，如图 6-6 所示。

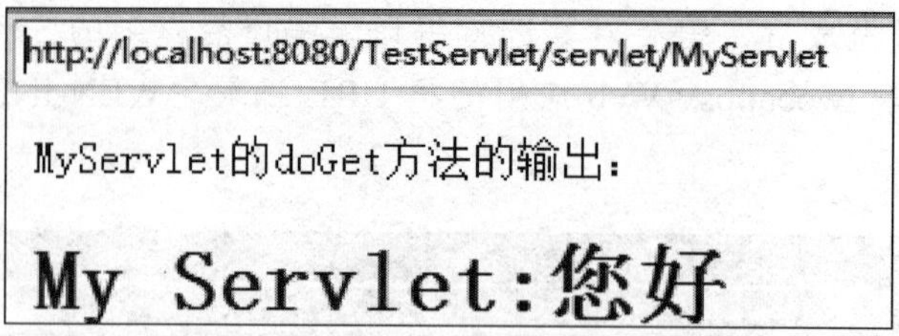

图 6-6　MyServlet 在浏览器中的显示

六、Servlet 的优缺点

正像所有的 Java 程序一样，Servlet 拥有 Java 语言的所有优势，Servlet 还能生成嵌于静态 HTML 页面中的动态内容。作为 Web 服务器的功能扩展技术，Servlet 相对于其他服务器扩展机制，有如下优势：

（1）高效持久：Servlet 通常采用单实例多线程的运行方式，在首次访问后就驻留在内存中，以后的每个请求均可以在一个独立的线程中运行 Servlet。

（2）高可移植性：采用 Java 语言编写的 Servlet，具备了 Java 语言的所有优势，自然也包括易开发和平台无关性。

（3）可扩展：Servlet 接口非常精简，使得它有很强的扩展性。

（4）功能强大：Servlet 可以访问 Java 平台提供的大量 API，从而具有 Web 和 URL 访问、图像处理、数据压缩、多线程、JDBC 和序列化对象等功能。

（5）安全：从客户端调用一个 Servlet 的唯一方法就是通过 Web 服务器，这提供了高水平的安全性保障。

（6）高集成性：由于 Servlet 采用标准的 API，因此支持更多的 Web 服务器，并且能够与 Web 服务器紧密集成，从而通过密切合作来完成特定的任务。

当然，Servlet 也有缺点，其最大的缺点是，不能有效地分离页面的逻辑部分和页面的输出部分，导致 Servlet 代码比较混乱，使得用 Servlet 开发网站变得很困难。为了克服 Servlet 的缺点，Sun 公司以 Java Servlet 作为基础，推出了 JSP（即 Java Server Pages），为该问题提供了良好的解决方案。通常 JSP 技术主要用来展现页面，而 Servlet 技术主要用来完成大量的逻辑处理。也就是说，JSP 主要用来发送给前端的用户服务，而 Servlet 主要用来响应用户的请求，完成请求的逻辑处理。Servlet 充当着控制者的角色，用来负责响应用户的事务处理。

第二节　MVC 设计模式

一、MVC 设计思想

MVC 是模型 (Model)—视图 (View)—控制器 (Controller) 的缩写，即把一个应用的输入、处理、输出流程按照模型、视图、控制器的方式进行分离的代码组织方式，将业务逻辑聚集到一个部件里面，在改进和个性化定制界面及与用户交互的同时，不需要重新编写业务逻辑。

模型（Model）：是实现控制数据访问与数据处理功能的应用程序，应用 JavaBean 对象，封装商业规则和存储数据。

视图（View）：是实现采集用户输入的数据并传递给控制器，或者输出控制器中的处理数据给用户功能的应用程序，应用 JSP 页面，接收 Servlet 传递的内容，调用 JavaBean 并显示其中的数据给用户。

控制器（Controller）：是实现模型与视图之间的数据流向与数据转换功能的应用程序。应用 Servlet 对象，负责所有的用户请求参数，判断请求参数是否合法，根据请求的类型调用 JavaBean 执行操作并将处理结果交由 View 显示。

MVC 设计思想

MVC 的设计框架如图 6-7 所示。

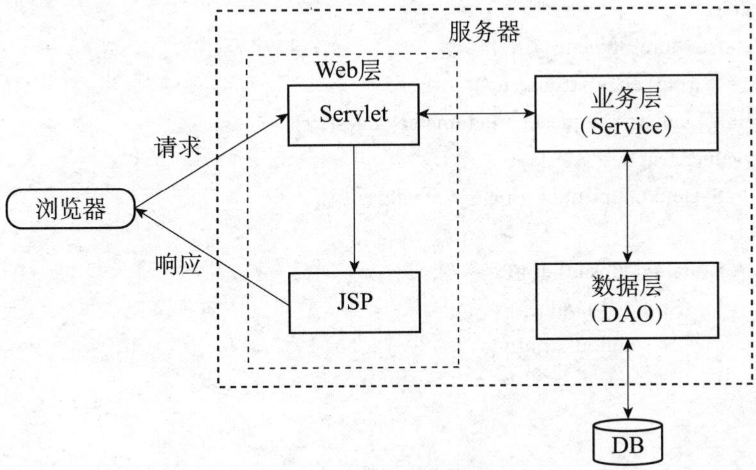

图 6-7　MVC 的设计框架

MVC 充分发挥了 Servlet 的技术特点，有助于将应用程序分割成若干个逻辑模块。JSP 页面擅长数据显示，适合做显示层，避免在 JSP 中大量使用 Java 代码来处理数据；Servlet 擅长数据处理，应避免在其中有大量的 HTML 标记输出，系统的流程控制和业务逻辑的调用工作由 Servlet 来进行；业务逻辑部分装在 JavaBean 中，这种构架在开发上将会极大地降低页面、控制和业务逻辑的关联性，提高系统的灵活性和扩展性。

二、MVC 中 Servlet 的作用

MVC 模式设计具体实现时，把 Servlet 用作应用程序的控制器，所有的请求都被发送给 Servlet，它接受请求并根据请求信息将它们分发给适当的 Web 页面响应。Servlet 还根据需求生成 JavaBean 的实例并输出。Web 页面可以通过直接调用方法或使用 <jsp:useBean> 标签得到 JavaBean 中的数据。这种设计模式很好地实现了数据层与表示层的分离，使开发工作更加容易和迅速。

请求与响应相关接口主要是 HttpServletRequest 和 HttpServletResponse 接口。如例 6-1

中 doGet 和 doPost 方法中的参数即为 HttpServletRequest 和 HttpServletResponse 接口对象。

（1）HttpServletRequest 接口最常用的方法就是获得请求中的参数，这些参数一般是客户端表单中的数据。

MVC 中 Servlet 的作用

① String getParameter(String name)，获取单值表单元素的值，如获取单个输入框的值：

```
String user=request.getParameter("user");
```

② String[] getParameterValues(String name)，获取多值表单元素的值，如获取一组复选框的值：

```
String[] str=request.getParameterValues("us");
```

③ Enumeration getParameterNames()(字符串对象的 Enumeration 类型)，获取所有的请求信息：

```
Enumeration en = request.getParameterNames();
    String str;
    while (en.hasMoreElements()) {
        str = (String) en.nextElement();
        String[] values = request.getParameterValues(str);
        if (values.length == 1) {
            System.out.println("值是：" + values[0]);
        } else {
            System.out.println("值是：");
            for (String ss : values) {
                System.out.println(ss);
            }
        }
    }
```

④客户端发送请求时，同时发送 Cookie，可以通过 HttpServletRequest 对象获取：

```
Cookie ck[] = request.getCookies();
    for (int i = 0; i < ck.length; i++) {
        System.out.println(ck[i].getName());
        System.out.println(ck[i].getValue());
}
```

⑤可以通过参数 HttpServletRequest 对象获取 Session 信息：

```
HttpSession session=request.getSession(true);
```

（2）大多数情况下，使用响应只是为了向客户发回数据。

①从控制层向视图层传值，通常使用 request 对象，向 request 中存储信息。使用其方法：

```
request.setAttribute( "参数名", 对象 );
```

②页面跳转，通过接口 RequestDispatcher 可以完成重定向。

先创建接口对象：

```
RequestDispatcher rd=request.getRequestDispatcher("abc.jsp");
```

再完成转向：

```
rd.forward(request, response);
```

③使用 response 对象的 sendRedirect() 也可以完成重定向。

```
response.sendRedirect("error.jsp");
```

注意：使用该方法时，当前文件和要转向的文件不属于同一次请求，不能共享 request，如果需要通过 request 对象传递信息，不能使用 sendRedirect() 方法。

三、MVC 设计模式的实现

例 6-2 以 MVC 设计模式创建用户登录系统模块。

（1）创建用户登录 JSP 页面 login.jsp：

在 MyEclipse 工作界面右键点击项目 TestServlet 下的 WebRoot 目录，在弹出的快捷菜单中选择 New → Folder 菜单命令，打开 New Folder 对话框，在 Folder name 文本框中输入“myservlet”，点击 Finish。在 MyEclipse 工作界面右击 TestServlet/WebRoot/myservlet 子文件夹名，在弹出的快捷菜单中选择 New → JSP 菜单命令，打开 Create a new JSP page 对话框，在 File Name 文本框中输入 login.jsp，点击 Finish，完成创建，如图 6-8 所示。

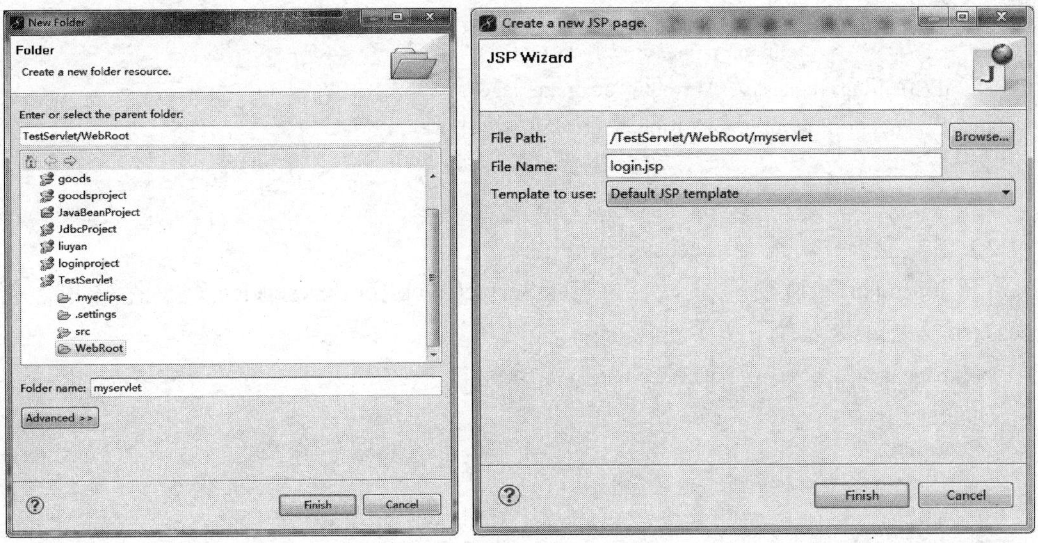

图 6-8　创建 login.jsp 页面

在 login.jsp 页面，输入如下代码：

```
<%@ page language="java" pageEncoding="GB2312"%>
<head>
    <title> 用户登录页面 </title>
</head>
<body>
    <div align="center">
        <%
    if (!((String) request.getAttribute("error.message") == null)) {
        %>
```

```
        <form method="post" action="Check">
            <%
            } else {
            %>
            <form method="post" action="Check">
                <%
                }
                %>
                用户名:
                <input name="username" type="text" id="username">
                <br />
                密      码:
                <input name="password" type="password" id="password">
                <br />
                <input type="Submit" name="submit" value="提交" />
                <input type="Reset" name="reset" value="重置" />
                <br />
                <br />
                <font color="red"> <%
    if (!((String) request.getAttribute("error.message") == null)) {
        out.print(request.getAttribute("error.message"));
    }
    %>
```

（2）创建登录成功页面 success.jsp：

如同 login.jsp 页面创建方法，在 TestServlet/WebRoot/myservlet 子文件夹中，创建 success.jsp 文件，输入如下所示源代码：

```
<%@ page language="java" pageEncoding="GB2312"%>
<html>
    <head>
        <title> 用户登录成功页面 </title>
    </head>
    <body>
        <div align="center">
            欢迎 <%=(String) request.getAttribute("name")%>，登录成功！
        </div>
    </body>
</html>
```

（3）创建 Servlet 控制器 Check.java：

右击 TestServlet 工程项目 src 子目录，在弹出的快捷菜单中选择 New → Package 菜单命令，创建一个名称为 com.servlet 的包。

右击 com.servlet，在弹出的快捷菜单中选择 New → Servlet 菜单命令，创建一个名称为 Check 的 Servlet，如图 6-9 所示。

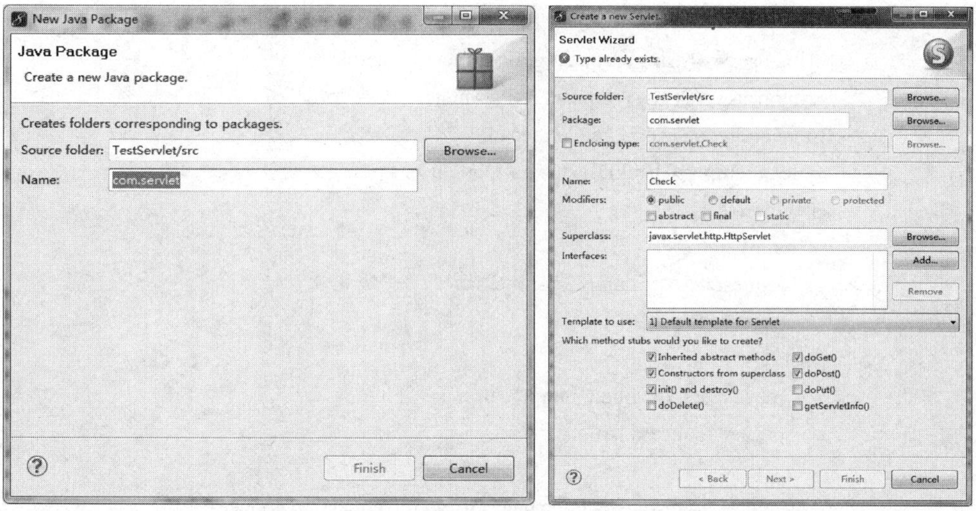

图 6-9　创建 Servlet 文件 Check.java 文件

在 Check.java 文件编写如下代码：

```
package com.servlet;
import java.io.*;
import java.sql.Connection;
import javax.servlet.*;
import javax.servlet.http.HttpServlet;
import javax.servlet.http.HttpServletRequest;
import javax.servlet.http.HttpServletResponse;
import com.db.CheckDB;
import com.db.ConDB;
public class Check extends HttpServlet {
    private ConDB cdb = null;
    String page = null;
    public Check() {
        super();
    }
    public void init() {
        cdb = new ConDB();
    }
    public void destroy() {
        super.destroy();
    }
    public void doGet(HttpServletRequest request, HttpServletResponse response)
            throws ServletException, IOException {
        this.doPost(request, response);
    }
    public void doPost(HttpServletRequest request, HttpServletResponse response)
            throws ServletException, IOException {
```

```
            try {
                String user = (String) request.getParameter("username");
                String pass = (String) request.getParameter("password");
                Connection con = cdb.getConnect();
                boolean temp = CheckDB.isCheck(con, user, pass);
                con.close();
                if (!temp) {
                    request.setAttribute("error.message", "非法登录 !");
                    page = "login.jsp";
                } else {
                    request.setAttribute("name", user);
                    page = "success.jsp";
                }
                request.getRequestDispatcher(page).forward(request, response);
            } catch (Exception e) {
                e.printStackTrace();
            }
            return;
        }
    }
```

（4）创建用于连接数据源的 ConDB.java：

右击 TestServlet 工程项目 src 子目录，在弹出的快捷菜单中选择 New→Package 菜单命令，创建一个名称为 com.db 的包。右击 com.db，在弹出的快捷菜单中选择 New→Class 菜单命令，创建一个名称为 ConDB.java 的 Class，如图 6-10 所示。

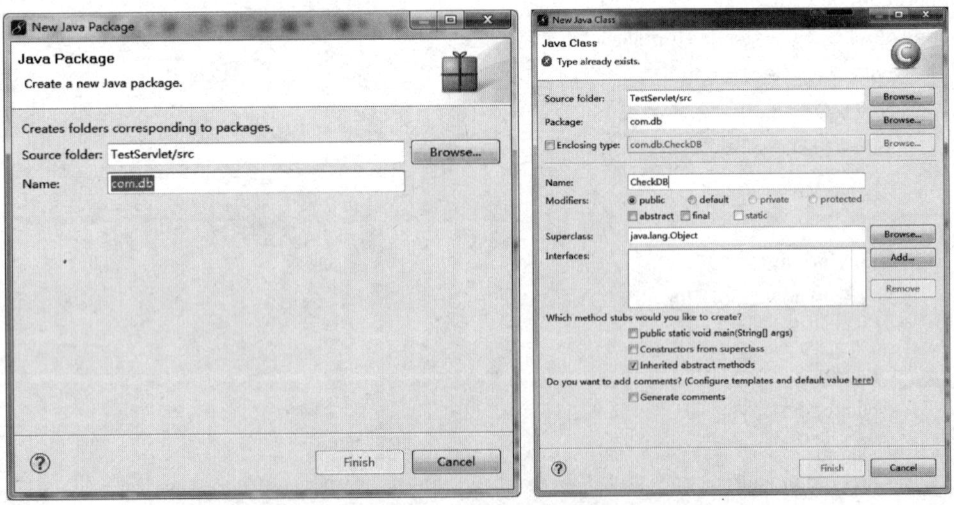

图 6-10　创建 Class 文件 ConDB.java 文件

在 ConDB.java 文件编写如下代码：

```
package com.servlet;
import java.io.*;
```

```
import java.sql.Connection;
import javax.servlet.*;
import javax.servlet.http.HttpServlet;
import javax.servlet.http.HttpServletRequest;
import javax.servlet.http.HttpServletResponse;
import com.db.CheckDB;
import com.db.ConDB;
public class Check extends HttpServlet {
    private ConDB cdb = null;
    String page = null;
    public Check() {
        super();
    }
    public void init() {
        cdb = new ConDB();
    }
    public void destroy() {
        super.destroy();
    }
    public void doGet(HttpServletRequest request, HttpServletResponse response)
            throws ServletException, IOException {
        this.doPost(request, response);
    }
    public void doPost(HttpServletRequest request, HttpServletResponse response)
            throws ServletException, IOException {
        try {
            String user = (String) request.getParameter("username");
            String pass = (String) request.getParameter("password");
            Connection con = cdb.getConnect();
            boolean temp = CheckDB.isCheck(con, user, pass);
            con.close();
            if (!temp) {
                request.setAttribute("error.message", "非法登录 !");
                page = "login.jsp";
            } else {
                request.setAttribute("name", user);
                page = "success.jsp";
            }
            request.getRequestDispatcher(page).forward(request, response);
        } catch (Exception e) {
            e.printStackTrace();
        }
        return;
    }
}
```

（5）创建用于执行数据库操作的 CheckDB.java：

如同 ConDB.java 文件创建方法，在 com.db 包中创建 CheckDB.java，在 CheckDB.java 文件编写如下代码：

```
package com.db;
import java.sql.*;
public class CheckDB {
    public CheckDB() {
    }
    public static boolean isCheck(Connection con, String user, String pass) {
        boolean temp = false;
        PreparedStatement ps = null;
        ResultSet rs = null;
        String sql = "select name from denglu where name=? and password=?";
        try {
            ps = con.prepareStatement(sql);
            ps.setString(1, user);
            ps.setString(2, pass);
            rs = ps.executeQuery();
            if (rs.next())
                temp = true;
            else
                temp = false;
            rs.close();
            ps.close();
        } catch (Exception e) {
            e.printStackTrace();
        }
        return temp;
    }
}
```

（6）配置 web.xml 文件：

找到 TestServlet 项目的 web.xml 文件，如图 6-11 所示，用记事本打开文件。

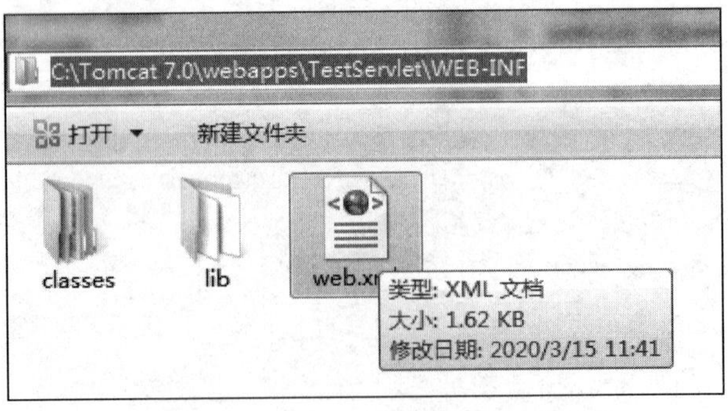

图 6-11　本项目中的 web.xml 文件

配置 servlet，将 Check.java 的 url-pattern 配置到与 login.jsp 和 success.jsp 相同路径 /myservlet 下，在 web.xml 文件中添加如下代码：

```
<servlet>
   <description>This is the description of my J2EE component</description>
   <display-name>This is the display name of my J2EE component</display-name>
   <servlet-name>check</servlet-name>
   <servlet-class>com.servlet.CheckDB</servlet-class>
</servlet>
<servlet-mapping>
   <servlet-name>check</servlet-name>
   <url-pattern>/myservlet/Check</url-pattern>
</servlet-mapping>
```

（7）启动 Tomcat 服务器，在浏览器中测试程序，如果输入正确的用户名 zhangsan 和密码 123456，验证后登录成功，跳转 success.jsp 页面，如图 6-12 所示。

图 6-12　用户登录成功操作

如果输入错误的用户名 lisi 和密码 654321，则登录失败，留在 login.jsp 页面，并有非法登录的提示，如图 6-13 所示。

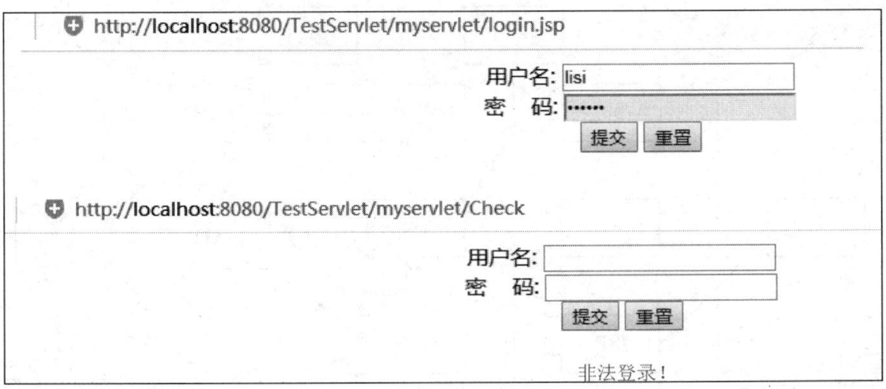

图 6-13　用户登录失败操作

四、MVC 设计模式的扩展性

MVC 模式具有极其良好的可扩展性。它可以轻松实现以下功能：

（1）实现一个模型的多个视图。

（2）采用多个控制器。

（3）当模型改变时，所有视图将自动刷新。

（4）所有的控制器将相互独立工作。

这就是 MVC 模式的好处，只需在以前的程序上稍作修改或增加新的类，即可轻松增加许多程序功能。以前开发的许多类可以重用，各类之间相互独立，模型类及视图类根本不需要改变，这就是面向对象编程的好处。

第三节　MVC+DAO 设计模式

DAO(Data Access Object) 是数据访问对象，采用 DAO 设计模式，开发人员可以把数据访问控制和业务逻辑分开。DAO 设计模式是对关系数据库访问操作的抽象与封装，将对数据库操作的关系数据库语言抽象封装成接口，这样程序员就可以以面向对象的方式进行使用。

一、DAO 设计模式的功能

DAO 的主要功能是数据操作，在 Java Web 标准开发架构中属于数据层的操作。DAO 为软件的上层模块提供了数据访问的接口。业务逻辑开发人员可以将所有需要用到的数据处理方法存放在 DAO 接口类中，在需要进行数据处理时调用接口中相应的方法，而无须了解数据处理方法在底层是如何实现的，将接口类中方法的实现封装在 DAO 实现类中。MVC+DAO 设计模式如图 6-14 所示。

MVC+DAO
设计模式

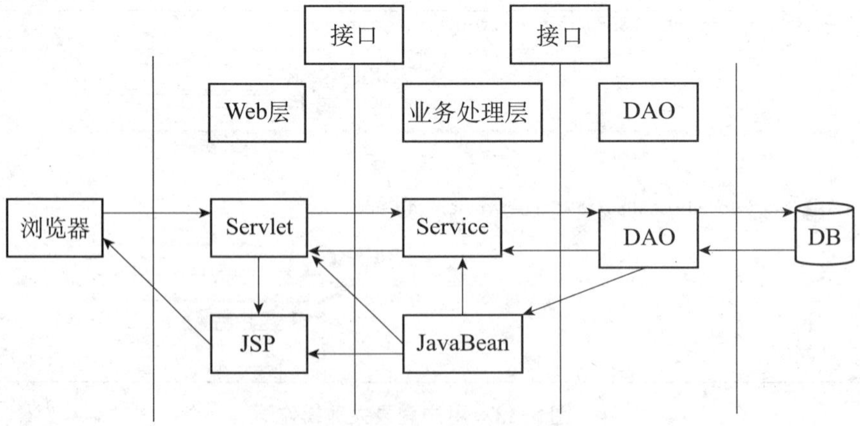

图 6-14　MVC+DAO 设计模式

如果在项目设计过程中，更换了不同种类的数据库，需要修改数据处理方法内的代码，这样工作量会增大。而 DAO 同时实现了数据访问实现上的分离，设计一个专门用于调用不同数据库处理方法的方法，并将其封装到一个专门用于数据库操作的类中。这样，若要更换数据库，只需要更换工厂类中加载数据库驱动和连接数据库的代码，即可实现。

DAO 将数据封装在一个 VO 类中，对数据进行了抽象，使得上层无须面对繁杂的数据库的数据项，而是仅对一个数据实例进行操作，这与 JavaBean 中 Model 1 开发模式类似。

二、DAO 设计模式的组成

DAO 模式 (Data Access Object) 主要由工厂类 (Factory)、DAO 接口、实现类 (DAOImpl) 和值对象类 (VO) 以及数据库连接类组成。

（1）VO 类：封装数据库表，一个 VO 类代表一张数据库中的表，一个 VO 类对象代表表中的一条记录；

（2）DAO 接口：封装业务逻辑层需要用到的业务处理，定义所需要的具体操作方法；

（3）DAOImpl 类：对应 DAO 接口的实现类，完成数据访问真实主题的业务逻辑处理；

（4）DAOFactory 类：用来实例化所操作的对象，根据业务的需求选择 DAO 实现类；

（5）DBConnection 类：专门用于连接数据库的操作类。

MVC+DAO 设计模式将业务逻辑处理功能进一步细分，虽然前期开发代码量有所增加，但在大中型项目中的优势还是很明显的，将业务对象和数据实现彻底分离，可移植性和可维护性大大增强，简化了业务模块，提高了系统整体可读性和开发效率。

三、MVC+DAO 设计模式的开发实例

设计一个图书管理系统，实现用户登录后的图书信息依据不同条件的精确查询和模糊查询，具体实现步骤如下：

（1）在 SQL Server 2008 数据库管理系统中创建数据库 bookstore，增加 user_info 表和 book_info 表，如图 6-15 所示。

PC-20190414JMFR.b...re - dbo.user_info

列名	数据类型
username	varchar(50)
password	varchar(50)

PC-20190414JMFR.b...re - dbo.book_info

列名	数据类型
title	varchar(50)
category	varchar(50)
isbn	varchar(50)
writer	varchar(50)
publisher	varchar(50)
price	float

图 6-15　bookstore 数据库中的 user_info 表和 book_info 表

（2）设计两个 VO 类，与 bookstore 中的两个表一一对应，命名规则：vo.XXX，即以数据库中的字段项对应的类的属性和属性的 setter、getter 方法构成。

User.java 代码如下：

```
package vo;
public class User {
    private String username;
    private String password;
    public User() {         }
    public User(String username，String password) {
        super();
        this.username = username;
        this.password = password;
    }
    public String getUsername() {
        return username;
    }
    public void setUsername(String username) {
        this.username = username;
    }
    public String getUserpass() {
        return password;
    }
    public void setUserpass(String userpass) {
        this.password = password;
    }
}
```

Book.java 代码如下：

```
package vo;
public class Book {
    private String title;
    private String category;
    private String isbn;
    private String writer;
    private String publisher;
    private double price;
    public Book() {     }
    public Book(String title，String category，String isbn，String writer， String publisher，double price) {
        super();
        this.title = title;
        this.category = category;
        this.isbn = isbn;
        this.writer = writer;
        this.publisher = publisher;
        this.price = price;
    }
```

```
    public String getTitle() {
        return title;
    }
    public void setTitle(String title) {
        this.title = title;
    }
    public String getCategory() {
        return category;
    }
    public void setCategory(String category) {
        this.category = category;
    }
    public String getIsbn() {
        return isbn;
    }
    public void setIsbn(String isbn) {
        this.isbn = isbn;
    }
    public String getWriter() {
        return writer;
    }
    public void setWriter(String writer) {
        this.writer = writer;
    }
    public String getPublisher() {
        return publisher;
    }
    public void setPublisher(String publisher) {
        this.publisher = publisher;
    }
    public double getPrice() {
        return price;
    }
    public void setPrice(double price) {
        this.price = price;
    }
}
```

（3）设计用户登录和图书查询 DAO 接口，可以定义一系列原子性操作，如图书的增删查改等操作的接口。命名规则：dao.IXXXDAO。

IUserDAO.java 代码如下：

```
package dao;
import vo.User;
public interface IUserDAO {
```

```
    public boolean findLogin(User user) throws Exception;
}
IQueryBookDAO.Java 代码：
package dao;
import java.util.List;
import vo.Book;
public interface IQueryBookDAO {
    public List<Book> findAllBooks() throws Exception;
    public List<Book> findBooksByName(String title) throws Exception;
    public Book findBookByISBN(String isbn) throws Exception;
}
```

（4）设计 DAO 接口的实现类，完成访问数据库的操作，但是不负责数据库的打开和关闭。命名规则：dao.impl.xxxDAOImpl。

UserDaoImpl.java 代码如下：

```
package dao.impl;
import java.sql.ResultSet;
import java.sql.SQLException;
import vo.User;
import dao.IUserDAO;
import dbc.JDBCUtil;
public class UserDaoImpl implements IUserDAO{
    private JDBCUtil jdbcUtil=null;
    public UserDaoImpl() throws Exception{
        jdbcUtil=new JDBCUtil();
    }
    public boolean findLogin(User user) throws Exception {
        String sql="select * from user_info where username=? and password=?";
        String[] param={user.getUsername(), user.getUserpass()};
        ResultSet res=null;
        try{
            res = jdbcUtil.executeQuery(sql, param);
            if(res.next()){
                return true;
            }
            return false;
        }catch(Exception e){
            throw e;
        }finally{
            try{
                if(res!=null){
                    res.close();
                }
            }catch(Exception e){
```

```
                throw e;
            }
        }
    }
    public void closeConnection() throws Exception{
        jdbcUtil.close();
    }
}
```

QueryBookImpl.java 代码如下：

```
package dao.impl;
import java.sql.ResultSet;
import java.util.ArrayList;
import java.util.List;
import vo.Book;
import dao.IQueryBookDAO;
import dbc.JDBCUtil;
public class QueryBookImpl implements IQueryBookDAO{
    private JDBCUtil jdbcUtil=null;
    public QueryBookImpl() throws Exception{
        jdbcUtil=new JDBCUtil();
    }
    public List<Book> findAllBooks() throws Exception {
        return findBooksByName("");
    }
    public List<Book> findBooksByName(String title) throws Exception{
        String sql="select * from book_info where title like '%"+title+"%'";
        List<Book> books=new ArrayList<Book>();
        ResultSet res=null;
        try{
            res=jdbcUtil.executeQuery(sql, null);
            while(res.next()){
                books.add(new Book(res.getString("title"),
                res.getString("category"), res.getString("isbn"), res.getString("writer"),
                res.getString("publisher"), res.getDouble("price")));
            }
            if(books.size()==0){
                return null;
            }
            return books;
        }catch (Exception e){
            throw e;
        }finally{
            try{
```

```
                    if(res!=null){
                        res.close();
                    }
                }catch(Exception e){
                    throw e;
                }
            }
        }
        public Book findBookByISBN(String isbn) throws Exception{
            String sql="select * from book_info where isbn=?";
            Book book=null;
            ResultSet res=null;
            try{
                res=jdbcUtil.executeQuery(sql, new String[]{isbn});
                if(res.next()){
                    book=new Book(res.getString("title"), res.getString("category"),
        res.getString("isbn"), res.getString("writer"), res.getString("publisher"), res.getDouble("price"));
                }
                return book;
            }catch (Exception e){
                throw e;
            }finally{
                try{
                    if(res!=null){
                        res.close();
                    }
                }catch(Exception e){
                    throw e;
                }
            }
        }
        public void closeConnection() throws Exception{
            jdbcUtil.close();
        }
    }
```

（5）设计 Factory 类，获得一个 DAO 类的实例对象。命名规则：factory.DAOFactory。DAOFactory.java 代码如下：

```
package factory;
import dao.*;
import dao.impl.*;
public class DAOFactory {
    public static IUserDAO getIUserDAOInstance() throws Exception{
        return new UserDaoImpl();
```

```
    }
    public static IQueryBookDAO getIQueryBookDAOInstance() throws Exception{
        return new QueryBookImpl();
    }
}
```

（6）设计一个专门负责打开连接数据库和关闭数据库操作的类。命名规则：dbc.XXX。JDBCUtil.java 代码如下：

```
package dbc;
import java.sql.*;
public class JDBCUtil {
    private static String Driver="com.microsoft.sqlserver.jdbc.SQLServerDriver";
    private static String Url="jdbc:sqlserver://localhost:1433;databaseName=bookstore";
    private static String user="sa";
    private static String password="123456";
    private Connection con=null;
    PreparedStatement pstmt=null;
    ResultSet res=null;
    public JDBCUtil() throws Exception{
        Class.forName(Driver);
        con=DriverManager.getConnection(Url, user, password);
    }
    public Connection getConnection(){
        return con;
    }
    public ResultSet executeQuery(String sql,String[] param) throws SQLException{
        if(sql!=null){
            pstmt=con.prepareStatement(sql);
            if(param!=null){
                for(int i=0;i<param.length;++i){
                    pstmt.setString(i+1,param[i]);
                }
            }
            res=pstmt.executeQuery();
        }
        return res;
    }
    public int executeUpdate(String sql,String[] param) throws SQLException{
        int effectedLine=0;
        if(sql!=null){
            pstmt=con.prepareStatement(sql);
            if(param!=null){
                for(int i=0;i<param.length;++i){
                    pstmt.setString(i+1, param[i]);
```

```
                    }
                }
                effectedLine=pstmt.executeUpdate(sql);
            }
            return effectedLine;
        }
        public void close() throws SQLException{
            if(res!=null){
                res.close();
            }
            if(pstmt!=null){
                pstmt.close();
            }
            if(con!=null){
                con.close();
            }
        }
}
```

（7）设计用户登录界面 login.jsp 代码。页面如图 6-16 所示。代码如下：

```
<%@ page language="java" import="java.util.*" pageEncoding="utf-8"%>
<html>
  <body >
      <form action="servlet/LoginServlet" method="post">
          <div style="height:200px;width:50%;margin: 0 auto;border:1px solid;" >
              <h3 style="float:left;position:absolute; margin-left: 130px" > 图书系统用户登录 </h3>
              <table style="margin-top: 57px;margin-left: 130px">
                  <tr style="height:33%">
                      <td ><img alt="" src="img/user.png" > 用户名:</td>
                      <td><input type="text" name="username" ></td>
                  </tr>
                  <tr style="height:33%">
                      <td><img alt="" src="img/key.gif" style="width: 16px"> 密   
  码:</td>
                      <td><input type="password" name="password"></td>
                  </tr>
                  <tr style="height:33%">
                      <td colspan="2" style="text-align: right;"><input type="submit" value="登录"></td>
                  </tr>
              </table>
          </div>
      </form>
  </body>
</html>
```

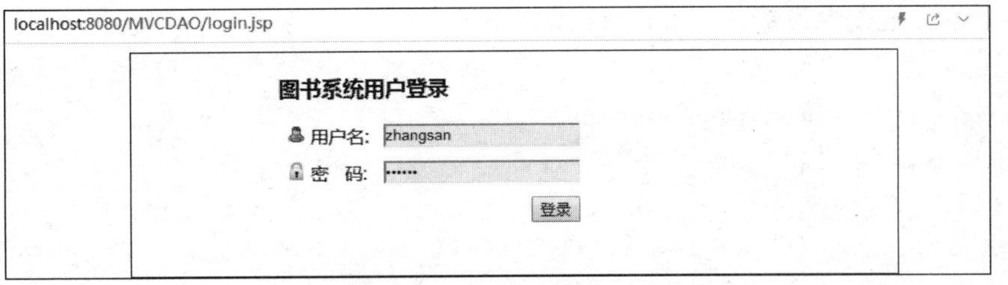

图 6-16　图书系统用户登录界面

点击登录后，交由 LoginServlet 处理的代码：

```
package servlet;
import java.io.IOException;
import javax.servlet.ServletException;
import javax.servlet.http.HttpServlet;
import javax.servlet.http.HttpServletRequest;
import javax.servlet.http.HttpServletResponse;
import javax.servlet.http.HttpSession;
import vo.User;
import factory.DAOFactory;
public class LoginServlet extends HttpServlet {
    public void doGet(HttpServletRequest request, HttpServletResponse response)
            throws ServletException, IOException {
            User user=new User(request.getParameter("username"), request.getParameter("password"));
        boolean islogin=false;
        HttpSession session=request.getSession();
        try {
            if(DAOFactory.getIUserDAOInstance().findLogin(user)){
                islogin=true;
                session.setAttribute("user", user);
                session.setAttribute("islogin", islogin);
                request.getRequestDispatcher("QueryBookServlet").forward(request, response);
            }else{
                response.sendRedirect("/MVCDAO/login_failure.jsp");
            }
        }catch (Exception e) {
            e.printStackTrace();
        }
    }
    public void doPost(HttpServletRequest request, HttpServletResponse response)
            throws ServletException, IOException {
        doGet(request, response);
    }
}
```

（8）在 web.xml 中设置 Servlet。代码如下：

```
<servlet>
  <servlet-name>LoginServlet</servlet-name>
  <servlet-class>servlet.LoginServlet</servlet-class>
</servlet>
<servlet>
  <servlet-name>QueryBookServlet</servlet-name>
  <servlet-class>servlet.QueryBookServlet</servlet-class>
</servlet>
<servlet-mapping>
  <servlet-name>LoginServlet</servlet-name>
  <url-pattern>/servlet/LoginServlet</url-pattern>
</servlet-mapping>
<servlet-mapping>
  <servlet-name>QueryBookServlet</servlet-name>
  <url-pattern>/servlet/QueryBookServlet</url-pattern>
</servlet-mapping>
```

（9）设计用户登录后的主界面 main.jsp 代码。代码如下：

```
<%@ page language="java" import="java.util.*" pageEncoding="utf-8"%>
<%@ page import="vo.Book" %>
<html>
  <body>
      <div style="width: 50%;margin: 0 auto;">
      <form action="servlet/QueryBookServlet" method="post" >
          <input type="text" name="queryname" placeholder="请输入你要查询的书名或者 isbn 号"
style="width:40%">
          <input type="submit" value="查询">
      </form>
      <table border="1" bordercolor="#000ff0" cellspacing="0" width="800">
    <%
        ArrayList<Book> arrayList=null;
        Object booklist=session.getAttribute("booklist");
        Object querybooklist=session.getAttribute("querybooklist");
        if(booklist!=null){
            boolean issuccess=true;
            if(querybooklist!=null){
                arrayList=(ArrayList<Book>)querybooklist;
                session.removeAttribute("querybooklist");
                out.write("<h3>");
                if(arrayList.size()!=0){
                    out.write("查询结果：");
                }else{
                    out.write("查找失败！ ");
```

```
                        issuccess=false;
                    }
                    out.write("</h3>");
                }else{
                    arrayList=(ArrayList<Book>)booklist;
                }
                if(issuccess){
        %>
        <tr>
            <td> 书名 </td>
            <td> 种类 </td>
            <td> ISBN 号 </td>
            <td> 作者 </td>
            <td> 出版社 </td>
            <td> 价格 ( 元 )</td>
        </tr>
        <%
                 }
                for(int i=0;i<arrayList.size();++i){
        %>
            <tr>
                <td><%=arrayList.get(i).getTitle() %></td>
                <td><%=arrayList.get(i).getCategory() %></td>
                <td><%=arrayList.get(i).getIsbn() %></td>
                <td><%=arrayList.get(i).getWriter() %></td>
                <td><%=arrayList.get(i).getPublisher() %></td>
                <td><%=arrayList.get(i).getPrice() %></td>
            </tr>
       <%
                }
            }else{
                out.write("<h1>");
                out.write("数据库维护中");
                out.write("</h1>");
            }
        %>
        </table>
        </div>
    </body>
</html>
```

运行 main.jsp 页面，显示图书管理系统主界面，如图 6-17 所示。

'MVCDAO/main.jsp

请输入你要查询的书名或者isbn号 查询

书名	种类	ISBN号	作者	出版社	价格(元)
童谣和儿歌	小学读物类	9787570402403	樊发稼	北京教育出版社	52.0
学前快读600字	学前读物类	9787122204080	李征	化学工业出版社	96.0
Java技术项目训练教程	计算机软件类	9787894360212	周绍斌	东软电子出版社	30.0
Java高级实用教程	计算机软件类	9787313200730	冯本勇	上海交通大学出版社	34.0
Java语言程序设计教程	软件工程类	9787894365064	周绍斌	东软电子出版社	57.0
例解Java Web	软件工程类	9787302183556	张洪斌	清华大学出版社	55.0
C语言程序设计	高等教育类	9787115375216	李刚	人民邮电出版社	35.0
Java程序设计	高等教育类	9787111447023	马世霞	机械工业出版社	34.0
SQL Server数据库技术与应用教程	高等教育类	9787564741143	李芳玲	电子科技大学出版社	39.0
Java Web应用开发项目 教程	软件开发类	9787121235405	聂明	电子工业出版社	39.9
C程序设计	高等教育类	9787302481447	谭浩强	清华大学出版社	39.0
C语言程序设计项目教程	高等教育类	9787567766631	占俊	吉林大学出版社	39.8
Java程序设计项目化教程	计算机类	9787111488675	郑哲	机械工业出版社	39.0

图 6-17　图书管理系统主界面

支持在 main.jsp 界面中查询图书 Servlet 的 QueryBookServlet 的代码：

```
package servlet;
import java.io.IOException;
import java.util.ArrayList;
import java.util.List;
import javax.servlet.ServletException;
import javax.servlet.http.HttpServlet;
import javax.servlet.http.HttpServletRequest;
import javax.servlet.http.HttpServletResponse;
import javax.servlet.http.HttpSession;
import vo.Book;
import factory.DAOFactory;
public class QueryBookServlet extends HttpServlet {
    public void doGet(HttpServletRequest request, HttpServletResponse response)
            throws ServletException, IOException {
        String queryname=request.getParameter("queryname");
        HttpSession session=request.getSession();
        ArrayList<Book> books=new ArrayList<Book>();
        try {
            if(queryname!=null){
                boolean isdigit=true;
                queryname=queryname.trim();
                for(int i=0;i<queryname.length();++i){
                    if(!Character.isDigit(queryname.charAt(i))){
                        isdigit=false;
                        break;
                    }
                }
```

```
                if(isdigit){
                    Book book=
DAOFactory.getIQueryBookDAOInstance().findBookByISBN(queryname);
                    if(book!=null){
                        books.add(book);
                    }
                }else{
                    List<Book> temp=
DAOFactory.getIQueryBookDAOInstance().findBooksByName(queryname);
                    if(temp!=null){
                        books.addAll(temp);
                    }
                }
                session.setAttribute("querybooklist", books);
                response.sendRedirect("/MVCDAO/main.jsp");
            }else if(session.getAttribute("islogin")!=null && (Boolean)session.getAttribute("islogin")){
books = (ArrayList<Book>) DAOFactory.getIQueryBookDAOInstance().findAllBooks();
                session.setAttribute("booklist", books);
                response.sendRedirect("/MVCDAO/main.jsp");
            }else {
                response.sendRedirect("/javaweb/login.jsp");
            }
        } catch (Exception e){
            e.printStackTrace();
        }
    }
    public void doPost(HttpServletRequest request, HttpServletResponse response)
            throws ServletException, IOException {
        doGet(request, response);
    }
}
```

main.jsp 界面中查询名为 Java 的图书，结果如图 6-18 所示。

Java　[查询]

查询结果：

书名	种类	ISBN号	作者	出版社	价格(元)
Java技术项目训练教程	计算机软件类	9787894360212	周绍斌	东软电子出版社	30.0
Java高级实用教程	计算机软件类	9787313200730	冯本勇	上海交通大学出版社	34.0
Java语言程序设计教程	软件工程类	9787894365064	周绍斌	东软电子出版社	57.0
例解Java Web	软件工程类	9787302183556	张洪斌	清华大学出版社	55.0
Java程序设计	高等教育类	9787111447023	马世霞	机械工业出版社	34.0
Java Web应用开发项目 教程	软件开发类	9787121235405	聂明	电子工业出版社	39.9
Java程序设计项目化教程	计算机类	9787111488675	郑哲	机械工业出版社	39.0

图 **6-18**　图书查询显示结果

小 结

本章学习了基于 Servlet 技术的 MVC 模式，这种设计模式无论是在独立的应用程序还是在 Web 应用程序中，覆盖面都很广。在业务逻辑复杂且存在大量用户界面的大型 Web 应用系统，本章通过案例构建了 MVC+DAO 设计模式，虽然项目前期的设计会花费一定的时间和精力，但 MVC+DAO 设计模式会使系统在健壮性、代码可重用性、维护性、可扩展性、灵活性等方面都有质的提高，会大大提高后期软件的开发维护效率。

习 题

一、选择题

1. Servlet 的生命周期由一系列事件组成，将这些事件按照先后顺序排序，以下正确的是（　　）。

A．加载类，实例化，请求处理，初始化，销毁

B．加载类，实例化，初始化，请求处理，销毁

C．实例化，加载类，初始化，请求处理，销毁

D．加载类，初始化，实例化，请求处理，销毁

2. 下面 Servlet 的哪个方法用来为请求服务，在 Servlet 生命周期中 Servlet 每被请求一次它就会被调用一次？（　　）

A．service()　　B．init()　　C．doPost()　　D．destroy()

3. 完整地配置一个 Servlet 需要（　　）标签。

A．<webapp></webapp>

B．<servlet></servlet> 和 <servlet-mapping></servlet-mapping>

C．<servlet-name/> 和 <servlet-class>

D．<servlet-mapping> 和 <servlet-name>

4. 在 Servlet 中，response.getWriter() 返回的是（　　）。

A．JspWriter 对象　　B．PrintWriter 对象

C．Out 对象　　D．ResponseWriter 对象

5. 给定某 Servlet 程序的片段如下，用户在浏览器地址栏中键入正确的请求 URL 并按回车键后，在控制台上显示的结果是（　　）。

```
public void doGet(HttpServletRequest request,HttpServletResponseresponse)
    throws ServletException,IOException
    {System.out.print("get");    }
public void doPost(HttpServletRequest request,HttpServletResponseresponse)
     throws ServletException,IOException
    {System.out.print("post");    }
```

A．get　　B．post　　C．getpost　　D．postget

二、填空题

1. 当访问一个 Servlet 时，Servlet 中的________方法先被执行。

2．________对象保存应用程序中公有的数据。

3．response 对象实现________接口，可对客户的请求作出动态响应，向客户端发送数据。

4．MVC 设计模式将应用程序分为模型、________和________。

5．请求 Servlet 的时候，Servlet 的对象由________负责实例化。

三、上机实训题

1．设计一个用户登录系统，使用纯 Servlet 技术实现网站登录功能，要求链接数据库，创建一个 User_table 表，User_table 表包括用户名、密码、用户角色、昵称、用户创建日期、性别、年龄等字段，在登录界面中能够实现管理员、信息发布员和游客三种角色的登录。要求有用户密码登录错误提示，并有友好的 HTML 界面。

2．扩展 MVC+DAO 设计模式案例，增加用户登录失败页面处理，增加图书显示页面对某一本书的增加、删除和修改的功能。

第 7 章

jQuery 开发技术

❑ 学习目标

- 熟练掌握项目中引入 jQuery 库的方法。
- 熟练掌握 jQuery 中常用的选择元素的方法。
- 熟悉掌握 AJAX 的概念和使用方法。
- 会使用 jQuery 库解决实际问题。

第一节　安装 jQuery

jQuery 是一个 JavaScript 库，它极大地简化了 JavaScript 编程。用户可以通过多种方法在网页中添加 jQuery，具体如下：

（1）从 jquery.com 下载 jQuery 库。在获得 jquery.js 文件后，将文件和页面文件放在同一目录下，用户就可以在需要的页面中引入了：

```
<head>
 <script src="jquery.js"></script>
</head>
```

（2）从 CDN 中载入 jQuery。用户如果不想自己下载 jQuery，也可以通过 CDN（内容分发网络）引用它。国内有很多大型网站提供了 jQuery 的 CDN 地址。CDN 的好处是会针对不同的地点缓存内容，通过负载均衡技术，将用户的请求定向到最合适的缓存服务器上去获取内容，可以加快用户的访问速度，推荐使用 CDN 的方式来引用 jQuery 库。在下面的代码中，用户不需要下载 jQuery 文件就可以直接使用 jQuery 了：

```
<head>
 <script src="https://apps.bdimg.com/libs/jquery/2.1.4/jquery.min.js">
 </script>
</head>
```

第二节　开发一个登录页面

jQuery 语法是通过选取 HTML 元素，并对选取的元素执行某些操作。因此在学习使用 jQuery 之前，我们需要先开发一个简单的登录页面。一个登录页面需要一个用户输入框、一个密码输入框和一个登录按钮即可。我们新建一个 login.html 文件，在其中开发如下内容：

jQuery

```
<head>
<meta charset="utf-8">
<link href="https://cdn.bootcss.com/twitter-bootstrap/4.4.1/css/bootstrap.min.css" rel="stylesheet">
<script src="https://apps.bdimg.com/libs/jquery/2.1.4/jquery.min.js">
</script>
<title> 登录 </title>
</head>
<body>
<div class="modal-dialog">
   <div class="modal-content animated bounceInDown">
```

```
        <div class="modal-header">
          <h4 id="modal-title" class="modal-title"> 登录 </h4>
        </div>
        <div class="modal-body">
          <div role="form" id="login-domain-form" >
            <div class="form-group">
              <label> 用户名 </label>
              <input id="loginName" placeholder="用户名" class="login-name"/>
            </div>
            <div class="form-group">
              <label> 密码 </label>
              <input id="loginPassword" type="password" placeholder="密码" class="login-password"/>
            </div>
            <div class="text-right">
              <button id="confirmBtn" class="btn btn-primary confirm-btn"> 登录 </button>
            </div>
          </div>
        </div>
      </div>
    </div>
    <script>
    </script>
    </body>
```

为了界面美观，这里使用了 Bootstrap 库，由于不涉及逻辑，这里不再展开。使用浏览器打开 login.html 页面，显示如图 7-1 所示。

图 7-1　登录页面

第三节　页面就绪事件

一个网页加载时需要时间，而 jQuery 运行的前提是 HTML 元素已经被正确加载。如果在页面没有完全加载之前就运行 jQuery 函数，操作可能失败。为了防止在页面完全加载就绪之前运行 jQuery 代码，jQuery 提供了页面事件 ready 函数：

```
$(document).ready(function(){
    // 开始写 jQuery 代码 ...
});
```

我们在 ready 函数中再执行 jQuery 代码，就可以保证页面已经被加载完毕了。

第四节　选择元素

回到登录页面，在页面开发完之后，在用户点击登录按钮时，程序需要获取用户输入的用户名和密码，并传递给后台服务器。那么现在的问题是：如何获取按钮点击事件，并且获取用户输入的用户名和密码呢？这里就需要 jQuery 的选择器功能了。

jQuery 选择器允许对 HTML 元素组或单个元素进行选择并操作。jQuery 选择器基于元素的 id、类、类型、属性、属性值等“查找”（或“选择”）HTML 元素。选择器的基础语法如下：

```
$(selector).action()
```

代码中各元素含义如下：

$ 符号：定义 jQuery。

选择符（selector）：“查询”和“查找”HTML 元素。

action()：执行对元素的操作。

其中，selector 支持如下查找方式：

（1）按照 id 查询，语法为 # 加元素的 id，如 $("#confirmBtn")。

（2）按照元素的 class 查询，语法为“.”加元素的 class，如对于 class 是 confirm-btn 的元素，可以用这种方式查找到：$(".confirm-btn")。

举例说明：

对于上面的登录页面，登录按钮的 id 是 confirmBtn，所以我们可以用 $("#confirmBtn") 获取到登录按钮，然后我们可以给找到的按钮添加 click 事件，在页面的 <script> 标签内添加如下代码：

```
$("confirmBtn").click(function(){
// 动作触发后执行的代码 !!
alert("您点击了登录按钮！");
});
```

点击登录按钮，可以看到 click 事件被执行，如图 7-2 所示。

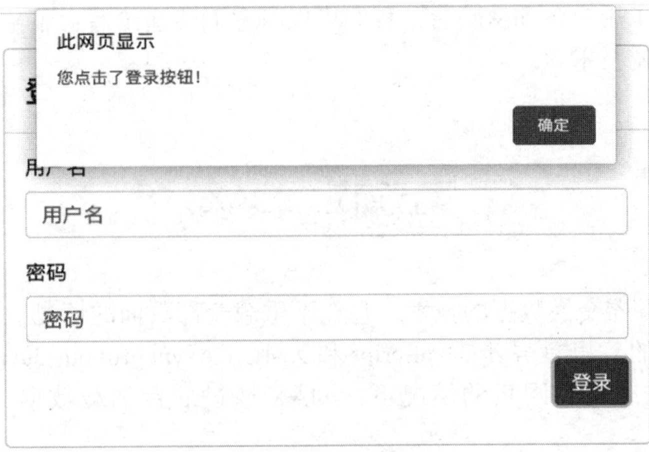

图 7-2　响应点击事件

而对于用户输入的用户名和密码，用户名对应的这个 input，因为它的 id 是 loginName，所以我们可以通过这种方式获取 input:$("#loginName") 。而一旦得到这个 input，我们就可以用 val 函数获得用户在这个 input 内的输入（密码输入框也同理）。现在，修改上面添加的 click 事件，让用户在点击按钮时，弹出对话框显示用户输入的用户名和密码，如图 7-3 所示。

```
$("#confirmBtn").click(function(){
// 动作触发后执行的代码 !!
const _name = $("#loginName").val();
const _password = $("#loginPassword").val();
alert("您输入的用户名为："+_name+"，密码为："+_password);
});
```

输入用户名和密码后，再次点击按钮。

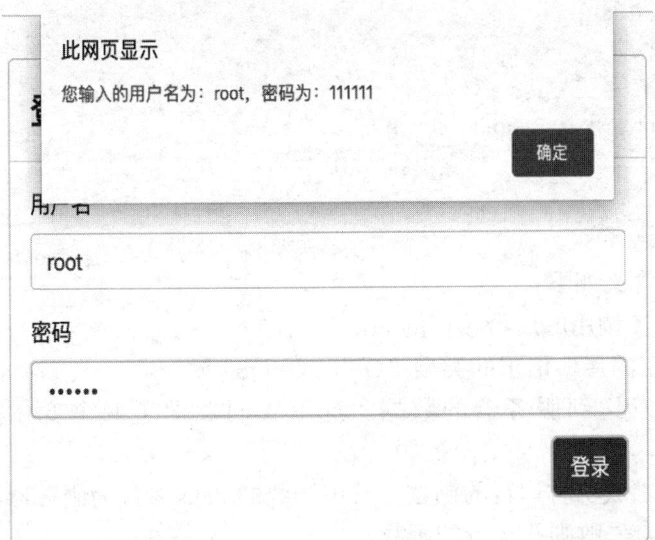

图 7-3　显示输入的内容

现在，获取到了用户名和密码后，我们可以将它们传递给后台服务器，这里就需要用到下面讲到的 AJAX 技术。

第五节　AJAX

AJAX 是与服务器交换数据的技术，它在不重载全部页面的情况下，实现了对部分网页的更新。AJAX 的意思是异步 JavaScript 和 XML（Asynchronous JavaScript and XML）。简短地说，在不重载整个网页的情况下，AJAX 通过后台加载数据，并在网页上进行显示。

jQuery 提供多个与 AJAX 有关的方法。通过 jQuery AJAX 方法，我们能够使用 HTTP Get 和 HTTP Post 从远程服务器上请求文本、HTML、XML 或 JSON，同时能够把这些外部数据直接载入网页的被选元素中。

有了 jQuery，AJAX 变得异常简单，我们只需要几行代码，就可以调用后台的接口，并根据返回结果来进行相应的处理。jQuery 的 AJAX 的语法如下：

```
$.ajax({name:value, name:value, ... })
```

一个典型的 AJAX 调用参数如下：

```
$.ajax({
url: "/api/login",
type: "post",
data:{
name: _name,
password: _password,
},
success: function (data) {
console.log(data);
},
error: function (xhr, textStatus, errorThrown) {
alert(errorThrown);
}
});
```

代码中的参数含义如下：

url：表示 AJAX 调用的后台接口的 url。

type：后台规定的接口请求的类型（GET 或 POST）。

data：规定要发送到服务器的数据。这里我们发送了两个变量，分别为 name 和 passowrd。

success：当请求成功时运行的函数。其中函数的 data 参数为服务器的返回值。

error：如果请求失败则要运行的函数。

有了 jQuery 的 AJAX 函数，我们就可以很方便地将用户名和密码传递给服务器后台，并根据服务器后台的返回值来判断用户是否登录成功。

现在我们将这段代码放入页面，然后点击登录按钮，页面会弹出对话框，显示为 Not Found。这是因为调用的服务器接口 /api/login 目前还没有定义，所以执行 AJAX 进入了 error 函数。先暂时放下这段代码，我们在第 8 章定义好 login 接口后，会再次回到这里，继续我们的 AJAX 之旅。

小　结

本章主要介绍了 jQuery 的安装方法、基本功能以及 AJAX 的使用。本章通过一个登录页面的开发实例，详细介绍了使用 jQuery 获取页面元素取值，并通过 jQuery 的 AJAX 函数，向后台发送数据并调用后台接口，为下一章开发一个网站实例奠定了基础。

习　题

1．修改登录页面，使用 jQuery class selector 的方式查找用户名和密码。

2．完善登录逻辑，在调用 AJAX 方法之前，先判断用户已经输入了用户名和密码，如果尚未输入，则弹出对话框提醒用户。

第 8 章

综合实例：充电站管理系统

❑ 学习目标

- 了解 IntelliJ IDEA 开发工具的使用。
- 了解 Spring 相关的概念。
- 熟练掌握 Spring 项目的创建及配置方法。
- 熟练掌握 Spring 中常见的注解。
- 熟练掌握 Spring 中 Controller 的使用。
- 了解 Spring 对异常的处理方式。
- 了解上传下载文件的实现方法。
- 了解使用 Spring 发送邮件的方法。
- 了解使用 ECharts 绘制图表的方法。
- 了解使用 EasyExcel 读写 Excel 文件的方法。

第一节　背景知识

在学习了 Java Web 开发的基础知识之后，本章准备用本书中学到的知识开始一个真实项目的开发。为了更贴近当前企业的实际开发环境，本章会引入 Java 应用开发事实上的标准 Spring 框架进行开发。

一、Spring 简介

2004 年，Spring Framework 1.0 正式发布，十几年过去了，Spring 已然成为 Java 应用开发的事实标准，影响着无数 Java 开发者。

准确地说，Spring 是一个轻量级控制反转（IOC）和面向切面（AOP）的容器框架。Spring 诞生时是 Java 企业版（Java Enterprise Edition，Java EE，也称 J2EE）的轻量级代替品，Spring 为企业级 Java 开发提供了一种相对简单的方法，用简单的 Java 对象（Plain Ordinary Java Object，POJO）实现了 EJB 的功能。

以下是 Spring 产生的初衷：

（1）Java EE 开发应该更加简单；

（2）使用接口而不是使用类，是更好的编程习惯；

（3）为 JavaBean 提供了一个更好的应用配置框架；

（4）更多地强调面向对象的设计；

（5）尽量减少不必要的异常捕捉；

（6）使应用程序更加容易测试。

基于这些初衷，Spring 提供了如下能力：

（1）最完善的轻量级核心框架；

（2）通用的事务管理抽象层；

（3）JDBC 抽象层；

（4）灵活的 MVC Web 应用框架。

二、Spring Boot 的诞生

尽管 Spring 诞生的初衷是降低 Java 应用开发的复杂性，但是在十几年的演化迭代中，Spring 也逐渐变为一个庞然大物。尤其是 Spring 的配置和依赖管理，变得越来越复杂，开发者不得不花费大量时间去进行项目的配置，以至于连创建一个新的 Spring 项目都变成了一个复杂耗时的工作。

为了解决这个问题，Spring Boot 应运而生。从本质上说，Spring Boot 就是 Spring，只不过 Spring Boot 做了那些即使没有它开发者自己也会去做的 Spring 配置。简而言之，Spring Boot 将开发者从复杂的配置工作中解放出来，从而可以使用户聚焦于项目开发本身。有了 Spring Boot，开发者可以很容易地创建一个 Spring 框架的项目，而几乎不用进

行 Spring 配置。

三、IntelliJ IDEA 介绍

古人云："工欲善其事，必先利其器。"在进入正式开发前，这里先介绍当前最流行的一个集成开发工具——IntelliJ IDEA。

IDEA 全称 IntelliJ IDEA，是 Java 编程语言开发的集成环境。IntelliJ 在业界被公认为是最好的 Java 开发工具，尤其在智能代码助手、代码自动提示、重构、J2EE 支持、各类版本工具 (git、svn 等)、JUnit、CVS 整合、代码分析、创新的 GUI 设计等方面的功能可以说是超常的。后续本章的开发默认使用 IntelliJ IDEA 2020 版本。

IDEA 的下载安装

第二节　创建项目

现在我们正式开始创建一个 Spring Boot 项目。打开 IntelliJ IDEA，开发者会看到如图 8-1 所示的页面：

创建项目

图 8-1　打开 IntelliJ IDEA

（1）点击 Create New Project，弹出如图 8-2 所示的创建项目页面。

（2）在创建项目页面，左侧选择 Spring Initializr（这是 Spring 官方提供的快速构建 Spring 项目的工具）后，直接点击 Next 即可。弹出如图 8-3 所示的项目元数据配置页面。注意：由于 Spring Initializr 依赖的网站 https://start.spring.io/ 部署在海外，可能连接较慢，请稍等片刻。

结构。

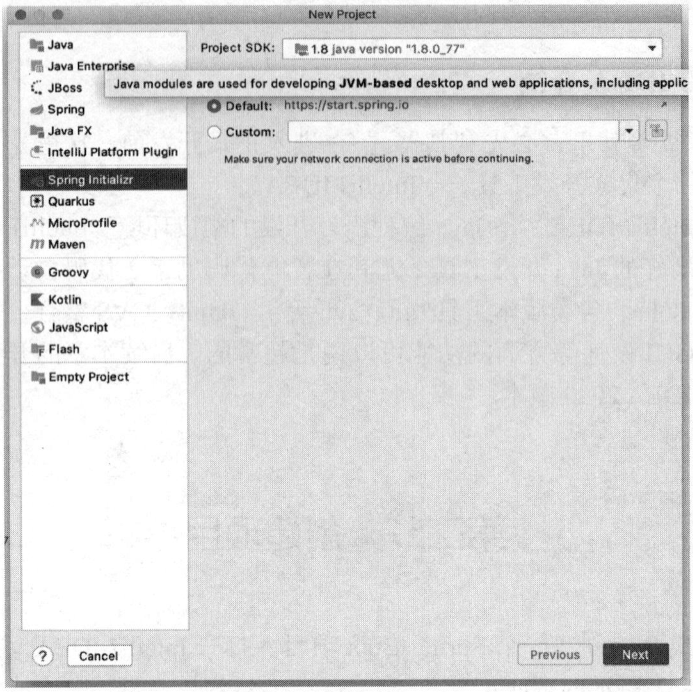

图 8-2　创建项目

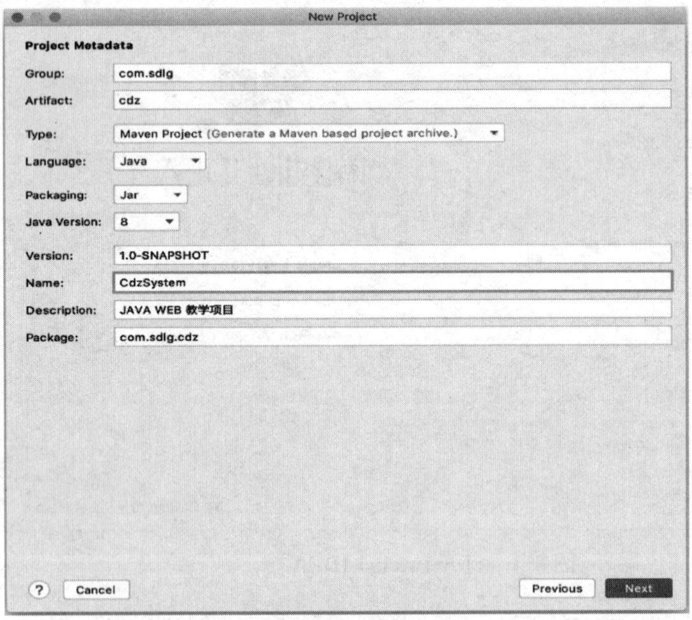

图 8-3　项目元数据配置

（3）图 8-3 是项目的基础元数据配置，具体字段的说明如下：

Group：组织名，对应 Java 包的结构。

Artifact：项目唯一标识，对应项目名称，要求全小写字母。由于本章实践的项目是充电站管理系统，因此我们使用名称 cdz。

Type：项目类型，此处不需要修改，保持 Maven Project 即可。

Packaging：打包类型，默认打包成 Jar 文件即可。

Java Version：JDK 版本。

Language：开发语言，默认选中 Java 即可。

Version：初始项目版本。

Description：项目描述，里面用一句话简短地介绍一下项目。

Name：项目名称，这里使用名称 CdzSystem。

Package：包名，默认由 Group+Artifact 组合而成。

（4）上述字段填写完毕后，继续点击 Next，进入项目依赖选择（Selected Dependencies）页面，如图 8-4 所示。

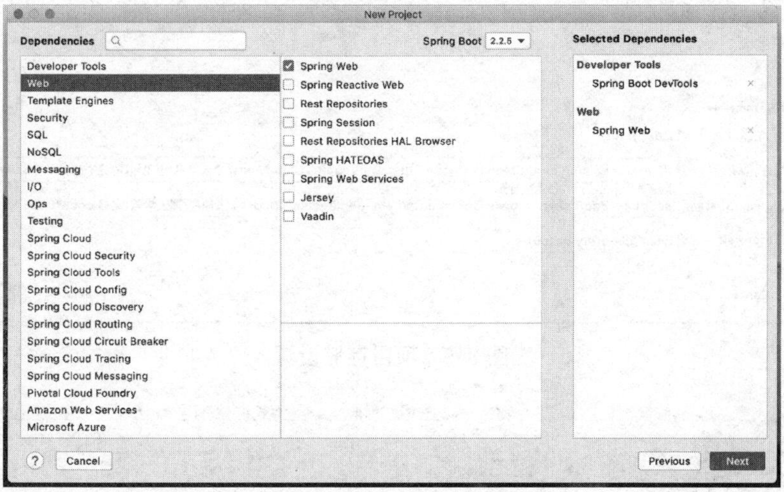

图 8-4　项目依赖选择

在项目依赖选择页面，每一个依赖对应一组库。由于我们是使用 Spring 开发 Web 项目，因此左侧选择 Web、右侧勾选 Spring Web 后，直接点击 Next 即可。

（5）在配置的最后步骤，需要我们指定项目名称（Project Name）和项目在硬盘中的存储位置（Project Location），如图 8-5 所示。这里设置项目名称为 CdzSystem，并选择合适的存储位置即可。

（6）在完成图 8-5 的设置后，我们就完成了项目的初始化配置，点击 Finish 即可。接下来，Spring Initializr 将创建项目，下载依赖，这可能需要一些时间，安心等待即可。如图 8-6 所示。

（7）在 cdz.zip 下载完毕后，我们在页面右下角看到显示有工作正在进行中，点开显示如图 8-7 所示。

项目的执行是依赖大量库文件的，这里是 IDE 通过 Maven 来下载运行项目的库，在下载完成前，项目将不能运行。首次下载，Spring 需要下载大量的库，所以可能需要较长的时间。如果下载时间过长，可执行以下操作，将 Maven 下载地址切换到阿里巴巴提供的下载源。

打开 IntelliJ IDEA 设置，找到 Maven 这一项，如图 8-8 所示。

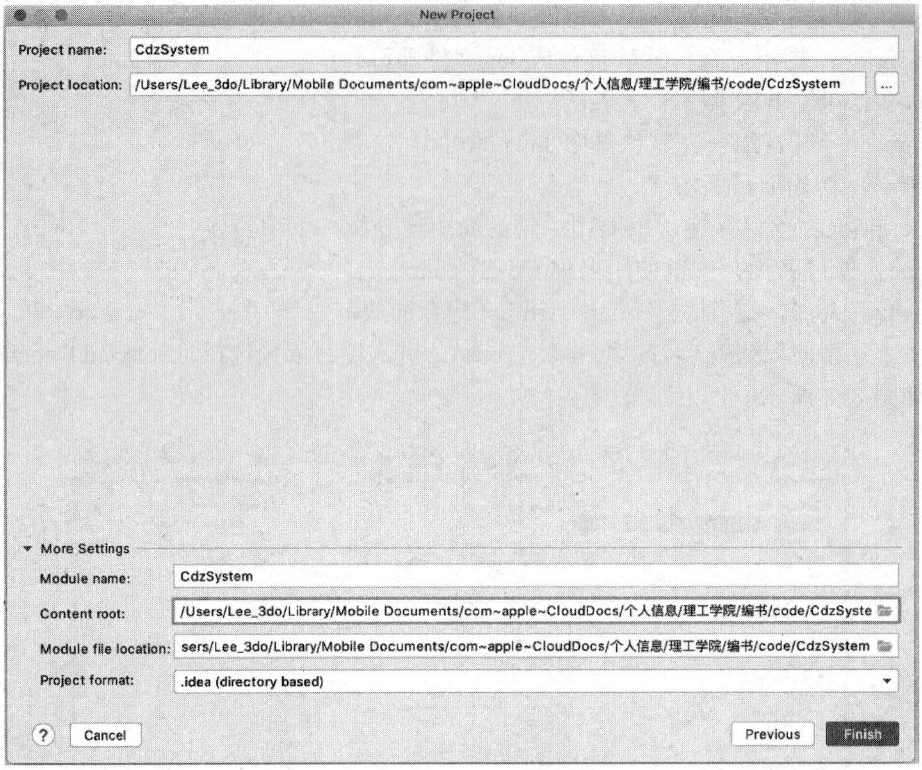

图 8-5　项目存储设置

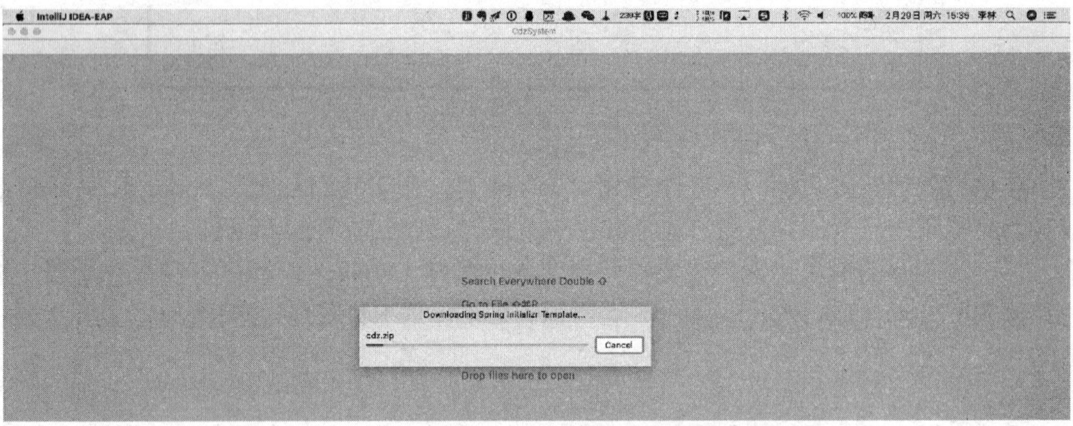

图 8-6　项目创建下载

图 8-7　Maven 下载依赖

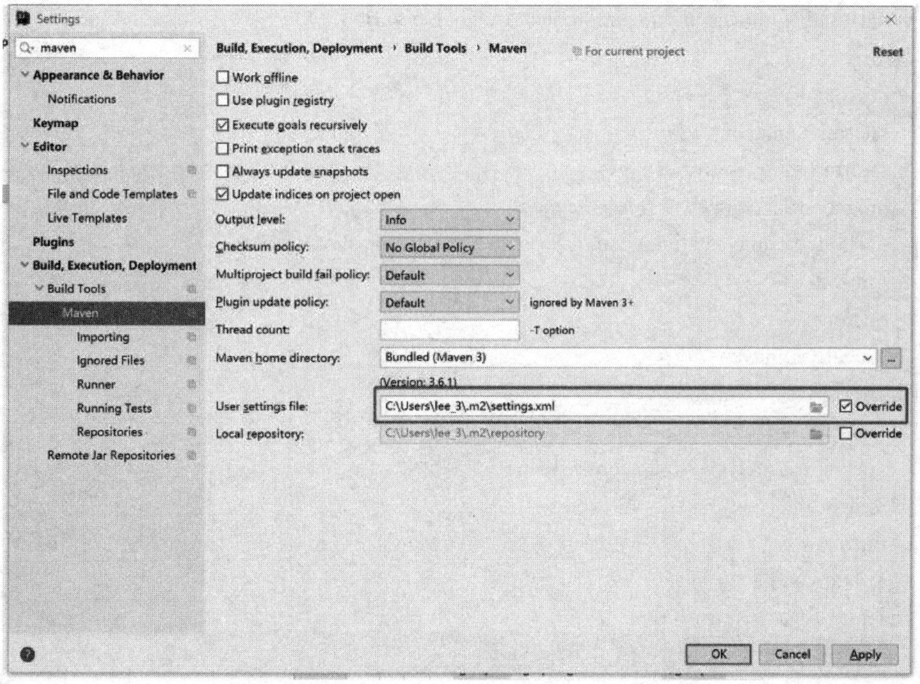

图 8-8　Maven 设置

将上图中框取的内容后面的 Override 勾选并保存，然后打开该地址对应的文件（如果文件不存在，请新建）。在文件中复制如下内容：

```
<settings xmlns="http://maven.apache.org/SETTINGS/1.0.0"
  xmlns:xsi="http://www.w3.org/2001/XMLSchema-instance"
  xsi:schemaLocation="http://maven.apache.org/SETTINGS/1.0.0
                      http://maven.apache.org/xsd/settings-1.0.0.xsd">
  <localRepository/>
  <interactiveMode/>
  <usePluginRegistry/>
  <offline/>
  <pluginGroups/>
  <servers/>
  <mirrors>
    <mirror>
     <id>aliyunmaven</id>
     <mirrorOf>*</mirrorOf>
     <name> 阿里云公共仓库 </name>
     <url>https://maven.aliyun.com/repository/public</url>
    </mirror>
     <mirror>
     <id>aliyunmaven</id>
     <mirrorOf>*</mirrorOf>
     <name> 阿里云谷歌仓库 </name>
```

```
        <url>https://maven.aliyun.com/repository/google</url>
      </mirror>
      <mirror>
        <id>aliyunmaven</id>
        <mirrorOf>*</mirrorOf>
        <name> 阿里云阿帕奇仓库 </name>
        <url>https://maven.aliyun.com/repository/apache-snapshots</url>
      </mirror>
      <mirror>
        <id>aliyunmaven</id>
        <mirrorOf>*</mirrorOf>
        <name> 阿里云 spring 仓库 </name>
        <url>https://maven.aliyun.com/repository/spring</url>
      </mirror>
      <mirror>
        <id>aliyunmaven</id>
        <mirrorOf>*</mirrorOf>
        <name> 阿里云 spring 插件仓库 </name>
        <url>https://maven.aliyun.com/repository/spring-plugin</url>
      </mirror>
    </mirrors>
    <proxies/>
    <profiles/>
    <activeProfiles/>
</settings>
```

保存文件后，重启 IntelliJ IDEA，如图 8-9 所示，点击如下按钮，再次同步依赖。

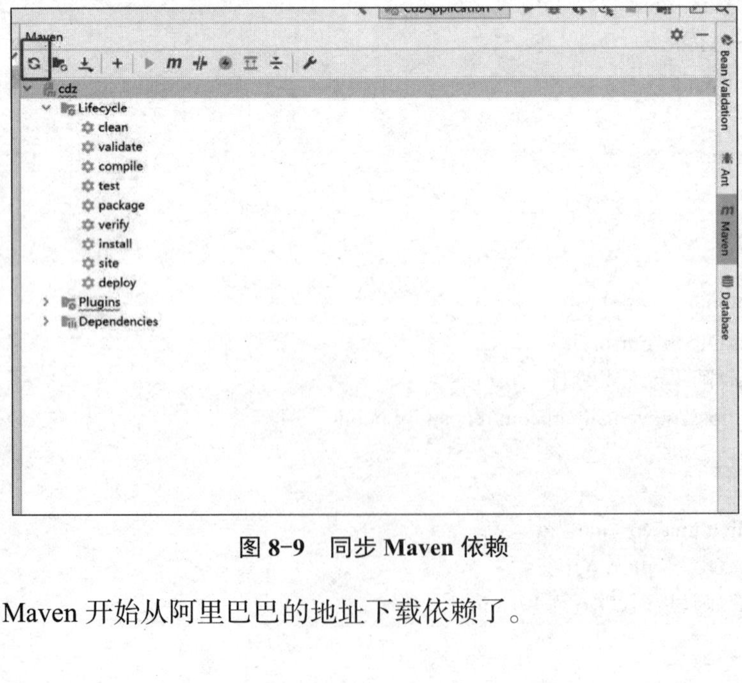

图 8-9　同步 Maven 依赖

可以看到 Maven 开始从阿里巴巴的地址下载依赖了。

第三节　项目结构

完成项目创建后，IntelliJ IDEA 将自动打开项目。

在图 8-10 中，左侧为项目目录结构，右侧为 Maven 页面，下侧为日志输出窗口。

在 resources 目录下，我们创建了一个空文件 application.properties，后续项目需要的参数配置会写在此处。

项目结构

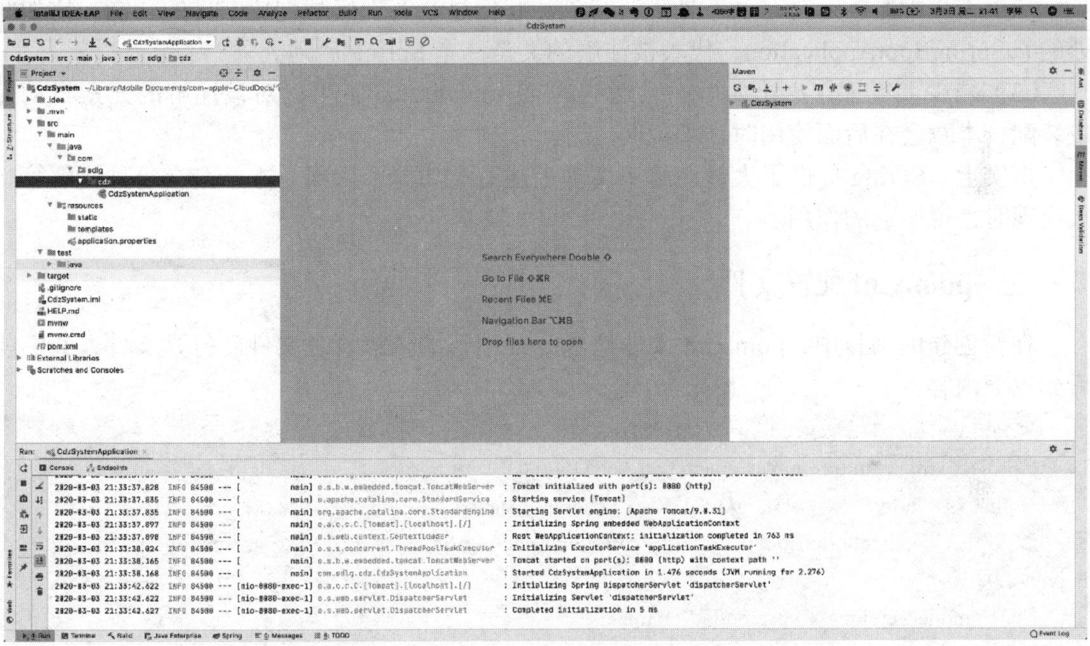

图 8-10　项目结构

一、启动类

项目结构 2

在项目中，src 为项目代码目录，Spring Initializr 在 cdz 包里默认创建了一个 CdzSystemApplication 文件，这是 Spring 的启动执行类。打开 CdzSystemApplication.java 文件，我们会看到如下内容：

```
@SpringBootApplication
public class CdzSystemApplication {
    public static void main(String[] args) {
        SpringApplication.run(CdzSystemApplication.class, args);
    }
}
```

我们可以看到这个类内容相当简洁，只有一个 main 函数，main 函数中执行了 SpringApplication 的 run 方法启动项目。执行此 main 函数，就可以启动项目了。

二、Spring 注解

在 CdzSystemApplication 类中，除了 main 函数，在代码的第一行有如下代码：

```
@SpringBootApplication
```

这是 Spring 提供的注解。注解是 JDK 5.0 引入的一种代码注释说明机制，注解一般有以下三类作用：

（1）格式检查：告诉编译器信息，比如被 @Override 标记的方法如果不是父类的某个方法，IDE 会报错；

（2）减少配置：运行时动态处理，得到注解信息，实现代替配置文件的功能，比如此处的 @SpringBootApplication，代表被注解的类是一个 Spring 启动类。

（3）减少重复工作：比如后面会遇到的 @Autowired，它可以对被注解的元素自动完成装配，本章会在后面使用时详细说明。

事实上，Spring 提供了大量注解来实现上述三类功能，后面，本章会在每种注解第一次出现时，说明它的作用。

三、pom.xml 配置文件

在新创建的项目中，pom.xml 文件是 Spring 项目的依赖管理文件。打开文件，我们能看到以下内容：

```
<?xml version="1.0" encoding="UTF-8"?>
<project xmlns="http://maven.apache.org/POM/4.0.0"
xmlns:xsi="http://www.w3.org/2001/XMLSchema-instance"
        xsi:schemaLocation="http://maven.apache.org/POM/4.0.0 https://maven.apache.org/xsd/maven-4.0.0.xsd">
    <modelVersion>4.0.0</modelVersion>
    <parent>
        <groupId>org.springframework.boot</groupId>
        <artifactId>spring-boot-starter-parent</artifactId>
        <version>2.2.5.RELEASE</version>
        <relativePath/> <!-- lookup parent from repository -->
    </parent>
    <groupId>com.sdlg</groupId>
    <artifactId>cdz</artifactId>
    <version>1.0-SNAPSHOT</version>
    <name>CdzSystem</name>
    <description>JAVA WEB 教学项目 </description>
    <properties>
        <java.version>1.8</java.version>
    </properties>
    <dependencies>
```

```
            <dependency>
                <groupId>org.springframework.boot</groupId>
                <artifactId>spring-boot-starter-web</artifactId>
            </dependency>
            <dependency>
                <groupId>org.springframework.boot</groupId>
                <artifactId>spring-boot-starter-test</artifactId>
                <scope>test</scope>
                <exclusions>
                    <exclusion>
                        <groupId>org.junit.vintage</groupId>
                        <artifactId>junit-vintage-engine</artifactId>
                    </exclusion>
                </exclusions>
            </dependency>
        </dependencies>
        <build>
            <plugins>
                <plugin>
                    <groupId>org.springframework.boot</groupId>
                    <artifactId>spring-boot-maven-plugin</artifactId>
                </plugin>
            </plugins>
        </build>
</project>
```

我们可以看到图 8-3 配置的很多诸如 Group/Name/Artifact 等项目元数据都显示在此处。另外在 dependencies 中，我们可以看到我们在图 8-4 中添加的项目依赖。如果后续我们需要新增项目依赖，只需要在 dependencies 中添加相应的项目即可。

在修改 pom.xml 后，打开 Maven 工具栏，点击同步按钮，IDE 就会自动重新加载依赖。

第四节　项目设计

一、功能设计

在项目创建完毕后，正式开始充电站管理系统的设计开发。

作为一个管理系统，充电站管理系统必然需要相关用户登录，因此首先我们需要一个用户表以及相关用户管理页面和登录页面。

其次，既然是一个充电站，那么我们就需要一个充电站表，以及对应的充电站管理页面。用户可以在此页面新增、编辑、删除充电站。

再次，和加油站类似，每一个充电站是由大量的充电桩组成的，所以我们需要一个充电桩表，又因为每个充电桩都有对应的型号，所以我们还会有一个充电桩型号表。因此，我们需要几个对应的页面来维护充电桩和充电桩型号。

最后，我们还需要可以录入管理订单。

有了以上功能，一个最基本的充电站管理系统就基本成型了。

二、数据库设计

本章数据库选择使用 MySQL 数据库。MySQL 是当下最流行的关系型数据库。因为篇幅的原因，本书不再详细介绍 MySQL 的安装。在安装 MySQL 后，用户可以选择自己喜欢的 MySQL 图形化管理工具。MySQL 官方的 MySQL Workbench、优秀的第三方管理工具 navicat-for-mysql，或者 MAC 平台的 sequelpro 都是不错的选择。

需要注意的是，在安装 MySQL 时，系统会要求用户给出 root 的密码，如图 8-11 所示。

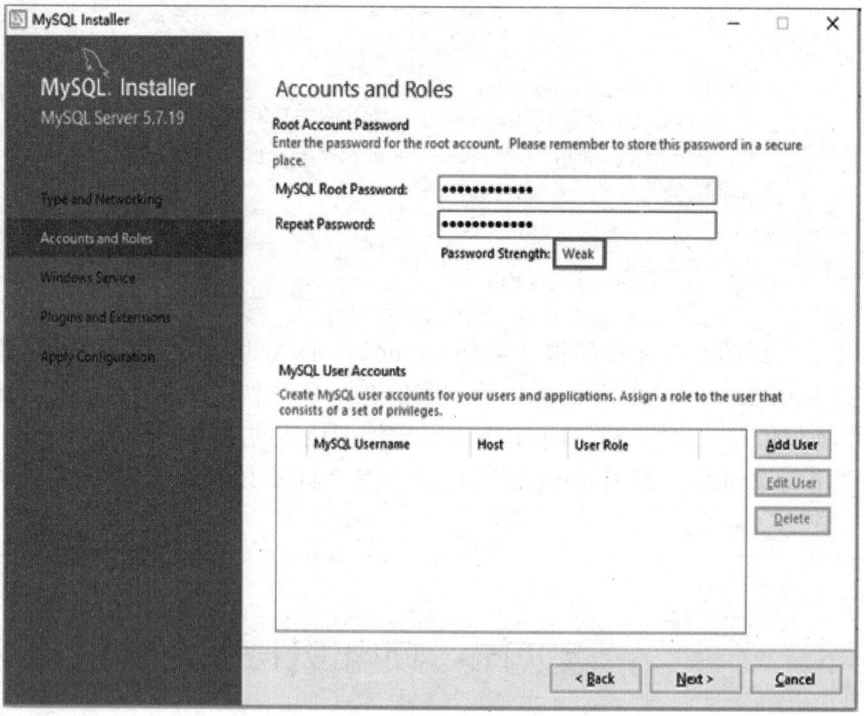

图 8-11 输入 MySQL 的 root 密码

请务必牢记此密码，在后面的开发中，我们需要此密码。MySQL 安装完毕后，我们在数据库中新建一个 database，取名为 cdz。后面这个将是存储项目数据的库。

在表和字段的命名方式上，本章采用下划线命名法，名称中的每一个逻辑断点都用一个下划线来标记。例如，对于充电站（Charging Station），对应的表名将是 charging_station。

在每一张表中，我们都会使用 id 字段作为自增主键。一个系统中的表设计一般如图 8-12 所示。

Field	Type	Length	Unsigned	Zerofill	Binary	Allow Null	Key	Default
id	INT	11	✓				PRI	
open_id	VARCHAR	128					UNI	
union_id	VARCHAR	128				✓		NULL
nickname	VARCHAR	64						
sex	INT	11						0
headimgurl	VARCHAR	256				✓		NULL
province	VARCHAR	64				✓		NULL
city	VARCHAR	64				✓		NULL
image_id	VARCHAR	64				✓		NULL
source	INT	11						0
is_first_login_today	TINYINT	11				✓		NULL
letter_count	INT	11						
last_login_time	TIMESTAMP							1971-01-01 00:00:00
create_time	TIMESTAMP							1971-01-01 00:00:00
update_time	TIMESTAMP							1971-01-01 00:00:00
mobile_no	VARCHAR	32				✓	M...	
money	INT	11						0
total_consume_money	BIGINT	11				✓		NULL
total_charging_amount	BIGINT	20				✓		NULL
point	INT	11				✓		NULL
province_id	INT	11				✓		NULL
city_id	INT	11				✓		NULL
region_id	INT	11				✓		NULL
province_name	VARCHAR	16				✓		NULL
city_name	VARCHAR	16				✓		NULL
region_name	VARCHAR	16				✓		NULL
longitude	DOUBLE					✓		0
latitude	DOUBLE					✓		0
gps_city_id	INT	11				✓		0
gps_city_name	VARCHAR	16				✓		NULL
transfer_trade_no	VARCHAR	64				✓		NULL

图 8-12　典型的表结构设计

三、代码层级设计

项目的代码层级如图 8-13 所示。

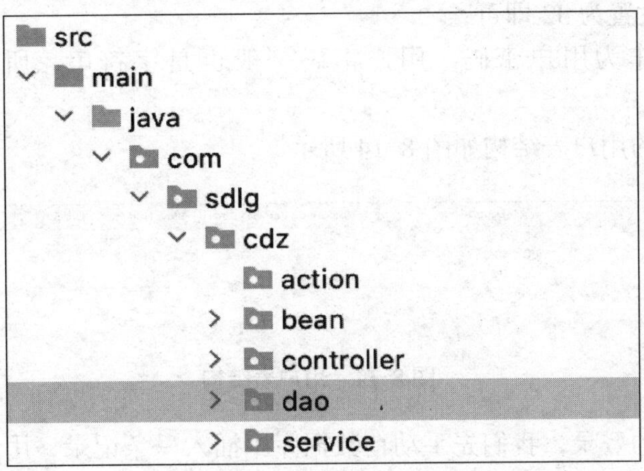

图 8-13　代码层级

所有的代码都写在 src/main 目录下，main 目录下有三个子目录：java/resources/webapp。resources 目录暂时只存放配置文件 application.properties；webapp 存放用 jsp 和 js 编写的前端页面代码；java 目录存放用 java 语言编写的代码，大多数后台逻辑代码都存放在此处。

其中，java 后台代码按照功能和调用层次分为以下 5 个子目录：action，bean，controller，dao 和 service。请先建立好这 5 个目录，至于这 5 个目录的具体分工，我们将在下一节详细说明。

第五节　登录功能开发

进入项目功能的正式开发，我们首先开发系统的第一个页面功能：登录。开发一个登录功能，我们需要开发以下三部分：

（1）数据库新增一个用户表 user，用来存储用户的用户名、密码；

（2）webapp 目录中开发登录对应的 jsp 页面；

（3）java 目录下开发对应的登录逻辑后台代码，用来响应用户的登录行为。

登录功能开发

在本节中，我们将通过开发登录模块，学习到项目与数据库的连接配置、用户的访问如何映射到 jsp 页面，以及如何通过代码访问修改数据库。

一、用户表数据库设计

我们首先进入本章第四节创建的 cdz 库，在这个库中新建用户表。按照前面约定的命名规则，用户表命名为 user，我们在 user 表中新增三个字段即可满足需求：

（1）id 作为自增主键；

（2）user_name 作为用户名，因为用户名一般为字符串，所以字段的类型设置为 VARCHAR，长度设置为 32 即可；

（3）password 作为用户密码，用户密码一般也是字符串，所以类型同样设置为 VARCHAR。

最后创建完毕的用户表结构如图 8-14 所示。

Field	Type	Length	Unsigned	Zerofill	Binary	Allow Null	Key	Default	Extra
id	INT	11	☑	☐	☐	☐	PRI		auto_increment
user_name	VARCHAR	32	☐	☐	☐	☐			None
password	VARCHAR	32	☐	☐	☐	☐			None

图 8-14　用户表结构

为了方便后面的登录，我们先手动在数据库中插入一条记录，用户名为 root，密码为 12345678，如图 8-15 所示。

id	user_name	password
1	root	12345678

图 8-15　用户表的第一条数据

至此，我们就完成了数据库中用户表的创建。为了让代码可以跟数据库建立连接，我们首先需要在项目中添加数据库相关的依赖。打开 pom.xml 文件，在 dependencies 中添加几项新的依赖：

```
<dependency>
        <groupId>org.springframework.boot</groupId>
        <artifactId>spring-boot-starter-data-jpa</artifactId>
 </dependency>
 <dependency>
        <groupId>org.springframework.boot</groupId>
        <artifactId>spring-boot-starter-jdbc</artifactId>
 </dependency>
 <dependency>
        <groupId>mysql</groupId>
        <artifactId>mysql-connector-java</artifactId>
        <scope>runtime</scope>
 </dependency>
```

添加完后的 pom 文件，如图 8-16 所示。

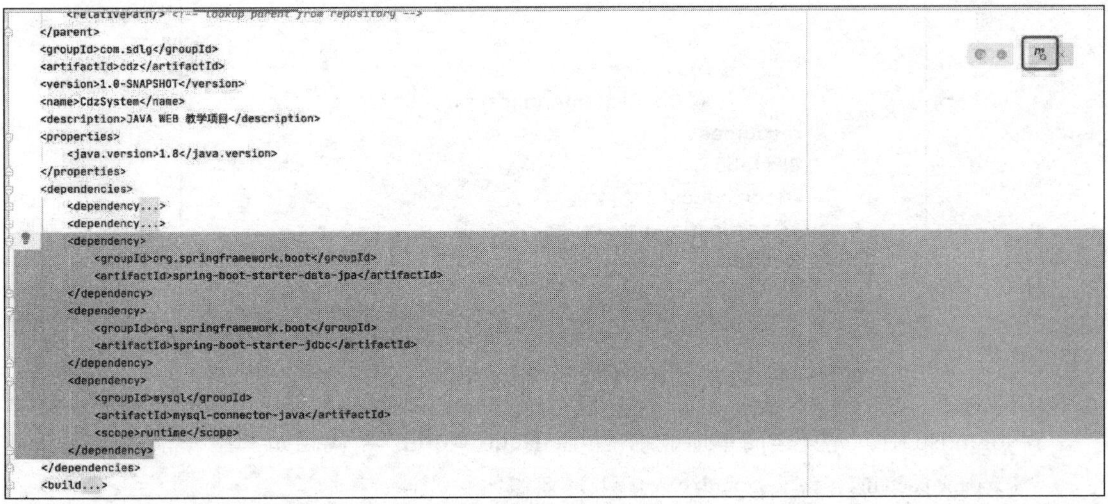

图 8-16　修改后的 pom 文件

接下来我们需要将项目和我们建立的数据库连接起来。

打开 application.properties 配置文件，在其中添加以下三行：

```
spring.datasource.username=root
spring.datasource.password= 此处改为用户在安装 mysql 时输入的 root 密码
spring.datasource.url=jdbc:mysql://localhost:3306/cdz?serverTimezone=UTC
```

第一行是说明连接数据库的用户，默认使用 root 即可。

第二行是连接数据库需要使用的密码，这里需要将前面安装 MySQL 时输入的密码填入。

第三行是数据库的 url 地址，如果数据库安装在本地，并且已经按照本章第四节中说明的步骤新建了名为 cdz 的 database，那么 url 就按照上面格式填入即可。

至此，代码与数据库的连接配置就已经完成。

二、访问 HelloWorld 页面

现在，开始建立项目的第一个页面。

如前所述，jsp 页面都放在 webapp 目录下，现在我们在 webapp 目录下创建目录 page，后面我们所有的 jsp 都放在此处。然后我们在 page 目录下新建一个名为 login.jsp 的文件，如图 8-17 所示。

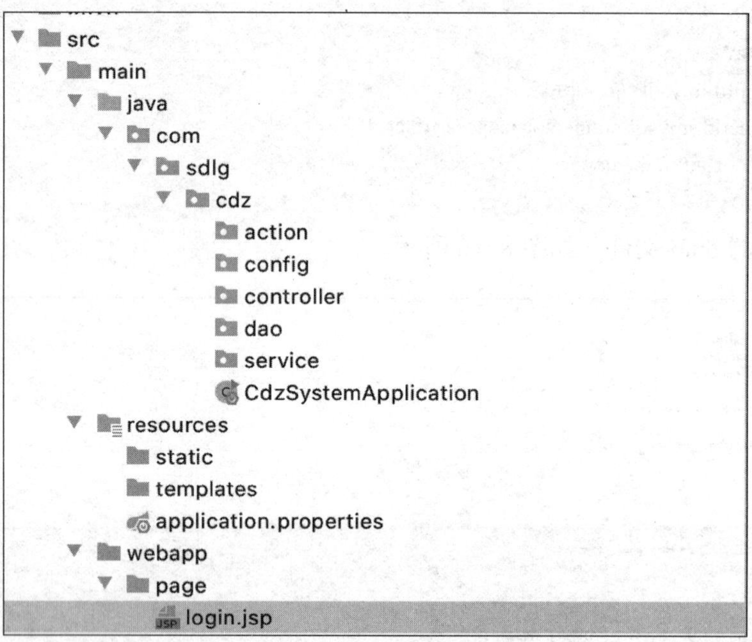

图 8-17　新增 jsp 文件

在 login.jsp 中，先只是简单地显示一句“Hello World!”，代码如下：

```
<%@ page contentType="text/html; charset=UTF-8" %>
<%@taglib prefix="c" uri="http://java.sun.com/jsp/jstl/core" %>
<%@taglib prefix="fmt" uri="http://java.sun.com/jsp/jstl/fmt" %>
<!DOCTYPE html>
<html>
<head>
```

```
        <title> 充电桩运营平台 </title>
    </head>
    <body>
    <div>
        Hello World!
    </div>
    </body>
    </html>
```

接下来，我们需要为项目加入 jsp 支持。打开 pom.xml 文件，在 <dependencies> 加入以下一段代码：

```
     <dependency>
            <groupId>javax.servlet</groupId>
            <artifactId>jstl</artifactId>
     </dependency>

    <dependency>
            <groupId>org.apache.tomcat.embed</groupId>
            <artifactId>tomcat-embed-jasper</artifactId>
            <scope>provided</scope>
    </dependency>
```

添加后保存，点击 m 按钮同步项目。接下来打开 application.properties 配置文件，在其中添加以下几行：

```
spring.mvc.view.prefix= /page/
spring.mvc.view.suffix= .jsp
spring.http.encoding.force=true
spring.http.encoding.charset=UTF-8
spring.http.encoding.enabled=true
server.tomcat.uri-encoding=UTF-8
```

第一行说明 jsp 代码在 page 目录下，第二行说明页面都是以 .jsp 结尾的。后面四行说明编码都是 UTF-8，防止出现乱码。

至此，jsp 相关的配置和依赖都已经设置完成。那么，如何让用户只要在浏览器输入域名就访问到我们的 jsp 页面呢？这里就需要用到 Spring 里的一个重要概念：Controller。

三、Spring 的 Controller

在 Spring 框架中，DispatcherServlet 负责分发请求到控制器 Controller 处理。Controller 负责接收用户请求，收到用户请求后，经过一定处理后，将处理结果返回给对应的 View 进行显示。Spring 定义一个 Controller 非常简单，即在这个类上添加一个注解 @Controller 即可。

现在我们在前面建好的 Controller 目录下新建 MainController 类：

```
package com.sdlg.cdz.controller;
import org.springframework.stereotype.Controller;
```

```
import org.springframework.web.bind.annotation.GetMapping;
@Controller
public class MainController {
    @RequestMapping(path = "/login")
    public String loginPage() {
        return "login";
    }
}
```

我们在 MainController 上面添加了 @Controller，说明这个类是一个 Spring 的 Controller。现在 MainController 就可以响应用户的请求。

目前 MainController 中有一个方法 loginPage，这个方法也添加了一个注解 @RequestMapping。这个注解的含义是：被注解的方法可以响应用户的特定请求。那么具体响应什么请求呢？就是通过注解后面的参数来设置的。RequestMapping 注解后括号里的内容是 path = "/login"，这个设置的含义是，被注解的方法将响应用户的 login 请求。在方法中，代码直接返回了一个字符串 login，这里的意思是说，将 login.jsp 页面返回给用户。

我们已经完成第一个页面的配置，现在开始测试。首先，找到 CdzSystemApplication 类，执行里面的 main 方法。然后打开浏览器，在地址栏里输入地址：http://localhost:8080/login。我们将看到“Hello World!”页面展现在浏览器里，如图 8-18 所示。

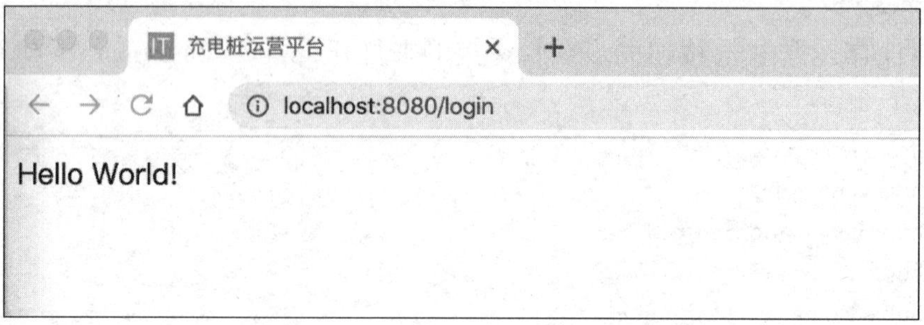

图 8-18 “Hello World!”页面

四、使用真正的登录页面

现在，我们可以使用第 7 章开发的登录页面的代码将“Hello World!”页面替换为真正的登录页面。将第 7 章开发的 login.html 中的代码拷贝入 login.jsp 文件中，替换原来 <html> 标签中的内容。

还记得我们在第七章最后调用的 /api/login 接口吗？现在是时候继续我们的 ajax 之旅了。将页面的代码完善如下：

```
$(document).ready(function () {
    $("#confirmBtn").click(function () {
        const _name = $("#loginName").val();
        const _password = $("#loginPassword").val();
        $.ajax({
            url: "/api/login",
```

```
            type: "post",
            data:{
               name: _name,
               password: _password,
            },
            success: function (data) {
               if (data.code === 0) {
                  window.location.href = "/main";
               } else {
                  alert(data.data);
               }
            },
            error: function (xhr, textStatus, errorThrown) {
               alert(errorThrown);
            }
         });
      });
   })
```

从上面的代码我们可以看到，通过封装的 ajax，我们可以将 loginName 和 loginPassword 这两个 input 中的数据传递给后台的 /api/login 接口。而一旦后台处理成功，我们可以在 success 函数中，根据后台返回的结果进行相应的处理。在目前代码中，对于后台的一切返回，代码暂时不做判断，直接跳转到 /main 这个地址。

为了服务器可以正常响应 /main 请求，我们需要在 page 目录里新增一个 main.jsp，目前先保持该页面如下即可：

```
<%@ page contentType="text/html; charset=UTF-8" %>
<%@taglib prefix="c" uri="http://java.sun.com/jsp/jstl/core" %>
<%@taglib prefix="fmt" uri="http://java.sun.com/jsp/jstl/fmt" %>
<!DOCTYPE html>
<html>
<body>
<div >
  首页
</div>
</body>
</html>
```

另外在 MainController 中增加一个接口，响应 /main 请求并跳转到 main.jsp 页面。

```
    @RequestMapping(path = "/main")
    public String mainPage() {
        return "main";
    }
```

五、后台处理登录行为

我们在页面将数据传递给了后台的 /api/login 接口，所以现在我们需要在 java 代码中定义一个接口以响应这个接口。我们在 Controller 目录中新增一个 ApiController，在其中添加 login 函数：

```
@RestController
@RequestMapping("/api")
public class ApiController {
    @RequestMapping(path = "/login")
    public HashMap<String, String> login(@RequestParam String name, @RequestParam String password) {
        HashMap<String, String> map = new HashMap<String, String>();
        return map;
    }
}
```

ApiController 与前面创建的 MainController 有两点不同。

一是 ApiController 使用了注解 RestController。这个注解代表 ApiController 中返回的都是数据，而不是页面。

二是 ApiController 有一个注解 @RequestMapping("/api")，这代表这个类中所有的接口都在 /api 这个路径下。比如代码中的 login 接口，虽然它的注解上声明路径是 /login，但由于它在 ApiController 类中，因此访问这个接口的真实路径是 /api/login 。

而这个 login 函数与前面使用的 loginPage 函数也有一处不同，它有两个参数，即 name 和 password，而且这两个参数上都添加了注解 @RequestParam。这个注解的含义是说明这两个参数是由前端接口传递来的，也就是与页面传递的 name 和 password 两个参数是一一对应的。这里暂时不添加逻辑，直接返回一个空 map，默认允许前端所有的登录行为。

现在，保存修改，重新启动 CdzSystemApplication 后，重新访问登录页面，点击登录后，我们就可以看到页面跳转到了 main 页面。

六、判断登录有效性

因为登录要访问 User 表，所以我们要创建对应 User 表的 bean 对象，在 bean 目录新建类 User：

```
public class User {
    private Long id;
    private String userName;
    private String password;
    public Long getId() {
        return id;
    }
    public void setId(Long id) {
        this.id = id;
```

```
    }
    public String getPassword() {
        return password;
    }
    public void setPassword(String password) {
        this.password = password;
    }
    public String getUserName() {
        return userName;
    }
    public void setUserName(String userName) {
        this.userName = userName;
    }
}
```

User 表的字段和表结构一一对应，并添加对应的 getter 和 setter 方法。接下来，我们要创建一个针对 User 表的服务，我们在 service 目录下新建一个 UserService 类。

```
@Service
public class UserService {
    @Autowired
    private JdbcTemplate jdbcTemplate;
    public User login(String name, String password) {
        String sql = "SELECT * FROM user WHERE user_name=? and password=?";
        User user = jdbcTemplate.queryForObject(sql,
                new BeanPropertyRowMapper<>(User.class), name, password);
        return user;
    }
}
```

首先，在 UserService 添加 @Service 注解，这个注解的意思是，UserService 是一个业务层组件，用于提供具体的业务功能，比如这里新增的 login 函数。

其次，类中有一个 JdbcTemplate 实例，这是 Spring 提供的，是为了实现访问数据库功能的类。通过 @Autowired 注解，Spring 自动管理对象，使得开发者不需要使用 new 传递参数的方式手动创建 JdbcTemplate，Spring 将在开发者需要时自动创建 JdbcTemplate 实例。

JdbcTemplate 提供了以下方法：

（1）update 方法，功能是新增、修改、删除数据库数据；

（2）queryForObject 方法，功能是读取匹配的单条数据；

（3）query 方法，读取匹配到的数据库的一组数据。

最后，在 login 方法中，代码定义了一个 sql 语句：

```
String sql = "SELECT * FROM user WHERE user_name=? and password=?";
```

在 sql 语句中，我们使用了两个“?”作为参数的占位符。接下来，我们利用 jdbcTemplate 执行该 sql 语句，因为预期只可能匹配到一条数据，所以我们使用 queryForObject 方法。

在查询结束后，函数将查询的结果返回。

现在，回到 ApiController 类，我们在 ApiController 的 login 函数中使用 UserService 提供的业务能力，完成登录操作。修改代码如下：

```
@RestController
@RequestMapping("/api")
public class ApiController {
    @Autowired
    UserService userService;
    @RequestMapping(path = "/login")
    public User login(@RequestParam String name, @RequestParam String password) {
        return userService.login(name,password);
    }
}
```

我们将 UserService 注入 ApiController 中，然后使用 UserService 的 login 方法返回 user 即可。一切完成后，我们现在重启项目，刷新登录页面，输入前面我们提前插入数据库的那条数据对应的用户名和密码：root/password。点击登录后，我们可以看到界面顺利跳转到了首页。

七、异常情况的处理

在上面的测试中，我们输入了正确的用户名和密码，系统正确跳转到了首页，但是如果我们输入了错误的用户名和密码呢？在登录页面输入 root/12345678，点击登录，页面没有反应，但是 IDE 输出了错误日志如下：

```
    org.springframework.dao.EmptyResultDataAccessException: Incorrect result size: expected 1, actual 0 at org.springframework.dao.support.DataAccessUtils.nullableSingleResult(DataAccessUtils.java:97) ~[spring-tx-5.2.4.RELEASE.jar:5.2.4.RELEASE]
    at org.springframework.jdbc.core.JdbcTemplate.queryForObject(JdbcTemplate.java:791) ~[spring-jdbc-5.2.4.RELEASE.jar:5.2.4.RELEASE]
    at com.sdlg.cdz.service.UserService.login(UserService.java:16) ~[classes/:na]
    at com.sdlg.cdz.controller.ApiController.login(ApiController.java:17) ~[classes/:na]
```

这是因为 jdbcTemplate.queryForObject 执行查询用户时，使用 root/123456 在数据库里查询不到数据，queryForObject 期望查到一条数据，结果没有查询到，所以抛出了异常。针对这种情况，代码应该捕获异常，并将一个友好的错误提示返回给页面。

我们对 ApiController 的 login 函数进行优化，修改如下：

```
    @RequestMapping(path = "/login")
    public HashMap<String,Object> login(@RequestParam String name, @RequestParam String password) {
        HashMap<String,Object> res = new HashMap<>();
        try {
            User user = userService.login(name,password);
            res.put("data",user);
            res.put("code",0);
```

```
            }catch (EmptyResultDataAccessException e){
                res.put("data","用户名或密码错误！ ");
                res.put("code",-1);
            }
            return res;
        }
```

将这个函数的返回值改为一个 Map。我们约定：如果登录成功，code 为 0；如果 code 不为 0，表示登录错误。如果登录错误，代码在 data 中放入友好的错误提示。最后，将整个 map 返回给页面。

登录页面也需要进行修改：如果返回的数据中 code 不为 0，那么将错误提示给用户；如果 code 为 0，那么说明登录成功，继续进入下一个页面。

```
    itAjax().action("/api/login").params({
            name: _name,
            password: _password,
        }).success(function (result) {
            if (result.code === 0) {
                window.location.href = "/main";
            } else {
                alert(result.data);
            }
        }).invoke();
```

第六节　注册功能开发

一、页面开发

上一节我们开发了登录功能，现在使用 root 用户可以正常登录。如果我们需要使用其他用户，该怎么办？显然我们还需要一个注册功能。首先在登录按钮旁新增登录链接：

```
<div class="text-right">
    <a href="/register" style="margin-right: 20px"> 注册 </a>
    <button type="submit" id="confirmBtn" class="btn btn-primary"> 登录 </button>
</div>
```

链接指向 /register 地址，所以我们需要在 MainController 新增指向 /register 的函数：

```
@RequestMapping(path = "/register")
    public String registerPage() {
        return "register";
}
```

同时在 page 页面新增 register.jsp 页面，如图 8-19 所示。页面内容和登录页面类似，这里不再赘述。

图 8-19　注册页面

页面处理登录的 js 核心逻辑如下：

```
$.ajax({
        url: "/api/register",
        type: "post",
        data:{
          name: _name,
          password: _password,
        },
        success: function (data) {
          if (data.code === 0) {
            window.location.href = "/login";
          } else {
            alert(data.data);
          }
        }
      });
```

调用后台的 register 接口，如果注册成功，那么跳转到登录页面，否则将错误提示给用户。

二、接口开发

跟登录一样，我们依然将注册的页面逻辑放在 UserService 类中，在类中新增方法 register，如下：

```
public void register(String name, String password) {
    String sql = "INSERT INTO user(user_name,password) VALUES(?,?)";
    jdbcTemplate.update(sql, name, password);
}
```

我们前面说过，对数据库的新增、编辑、删除都是使用 jdbcTemplate 的 update 函数，所以我们调用 update 函数执行 sql 语句，将注册的数据插入数据库。

但是对于一个系统，用户名是独一无二的，所以在新增前，我们可以查询并判断，如果用户名已经使用，那么注册失败。代码如下：

```
public void register(String name, String password) throws Exception {
    String sql = "SELECT * FROM user WHERE user_name=?";
    List<User> users = jdbcTemplate.query(sql,
            new BeanPropertyRowMapper<>(User.class), name);
    if(users.size()>0){
        throw new Exception("用户名已经存在！ ");
    }
    sql = "INSERT INTO user(user_name,password) VALUES(?,?)";
    jdbcTemplate.update(sql, name, password);
}
```

我们使用 jdbcTemplate.query 函数，查询用户名能匹配到的数据，如果能够查询到数据，说明用户名已经存在，此时直接停止注册，抛出异常。

接下来，在 ApiController 中增加注册函数，响应 /register 请求。代码如下：

```
@RequestMapping(path = "/register")
public HashMap<String,Object> register(@RequestParam String name, @RequestParam String password) {
    HashMap<String,Object> res = new HashMap<>();
    try {
        userService.register(name,password);
        res.put("data","注册成功！ ");
        res.put("code",0);
    }catch (Exception e){
        res.put("data",e.getMessage());
        res.put("code",-1);
    }
    return res;
}
```

如果注册发生异常，那么将错误信息返回给页面，否则注册成功。

现在，我们重新启动系统，打开注册页面，就可以开始注册了。

第七节　上传下载文件

在一个管理系统网站中，用户之间经常需要共享文件，这就需要一个类似网盘的文件共享系统。为了实现这个功能，我们需要开发文件的上传下载功能。在 Spring 框架中，我们可以十分快速地实现文件的下载和上传。

作为一个文件共享功能，页面应展示文件列表，并提供文件的上传下载功能。我们在项目目录下新建一个 files 文件夹，并在文件夹中提前放入几个文件。

文件上传下载

一、文件列表

首先我们在 ApiController 中增加查询当前文件列表的功能，新增 getFileList 接口：

```
@RequestMapping(path = "/getFileList")
public HashMap<String, Object> getFileList() {
    HashMap<String, Object> res = new HashMap<>();
    File files = new File("files");
    ArrayList<CdzFile> list = new ArrayList<>();
    for (File file : files.listFiles()) {
        CdzFile cdzFile = new CdzFile();
        cdzFile.setName(file.getName());
        SimpleDateFormat sdf = new SimpleDateFormat("yyyy-MM-dd");
        cdzFile.setCreateTime(sdf.format(file.lastModified()));
        cdzFile.setSize(file.length());
        list.add(cdzFile);
    }
    res.put("data", list);
    res.put("code", 0);
    return res;
}
```

getFileList 接口的功能就是查询 files 目录下的文件，并返回文件列表。

接下来，我们需要在 page 目录下新建一个 files.jsp 页面，主要代码如下：

```
<body>
<div id="listDiv"></div>
<form action="/uploadFileAction" method="post" enctype="multipart/form-data" style="margin: 20px">
  <input type="file" name="uploadFile">
  <input type="submit" value="提交">
</form>
</body>
```

页面包括两部分：form 部分负责文件的提交，我们会在后面学习文件上传时用到；id 为 listDiv 的 div 目前是空的，它的作用是用来显示从后台获取来的文件列表。

接下来，我们需要通过 ajax 从后台获取文件列表：

```
$(document).ready(function () {
  $.ajax({
    url: "/api/getFileList",
    type: "post",
    data: {},
    success: function (data) {
      var roleList = data.data;
      var roleTableStr = "";
      roleTableStr += '<table class="table table-striped">';
      roleTableStr += '<thead><tr><td class="table-item"> 序号 </td><td class="table-item"> 文件名 </
```

```
td><td class="table-item"> 创建时间 </td><td class="table-item"> 大小 </td></tr></thead>';
            $.each(roleList, function(i) {
                roleTableStr += '<tr><td class="table-item">'+(i+1)+'</td><td class="table-item"><a href="/api/downloadFileAction?name='+roleList[i].name+'">'+roleList[i].name+'</a></td><td class="table-item">'+roleList[i].createTime+'</td><td class="table-item">'+roleList[i].size+'bytes</td></tr>';
            });
            roleTableStr += '</table>';
            $("#listDiv").html(roleTableStr);
        },
    });
})
```

通过 ajax 获取到文件列表后，代码将结果拼接成了一段 html 代码，最后通过 jQuery 的 html 函数将拼接出来的 html 渲染到了 id 为 listDiv 的 div 中。

最后，页面链接为 /files，所以我们需要在 MainController 中新增指向 /files 的函数：

```
@RequestMapping(path = "/files")
public String files() {
    return "files";
}
```

运行系统，浏览器内访问 http://localhost:8080/files，可以看到如图 8-20 所示的页面。

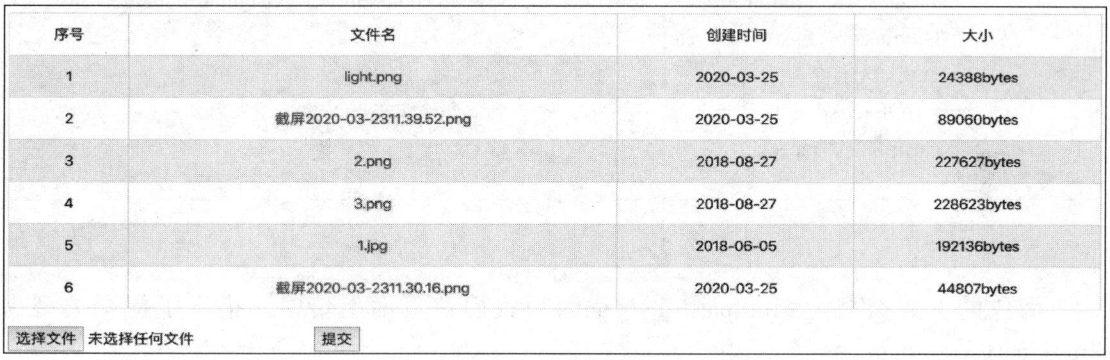

序号	文件名	创建时间	大小
1	light.png	2020-03-25	24388bytes
2	截屏2020-03-2311.39.52.png	2020-03-25	89060bytes
3	2.png	2018-08-27	227627bytes
4	3.png	2018-08-27	228623bytes
5	1.jpg	2018-06-05	192136bytes
6	截屏2020-03-2311.30.16.png	2020-03-25	44807bytes

图 8-20　文件上传下载页面

二、下载文件

上面的页面中，每个文件名使用了 a 标签，标签的地址指向：/api/downloadFileAction，同时将文件的名字作为 name 参数传递过来。因此，我们需要在 ApiController 中增加注册函数，响应 /downloadFileAction 的下载请求：

```
@RequestMapping("downloadFileAction")
public void downloadFileAction(HttpServletRequest request, HttpServletResponse response) {
    response.setCharacterEncoding(request.getCharacterEncoding());
    response.setContentType("application/octet-stream");
    try {
```

```
            File file = new File("files", request.getParameterMap().get("name")[0]);
            FileInputStream fis = new FileInputStream(file);
            response.setHeader("Content-Disposition", "attachment; filename=" + file.getName());
            IOUtils.copy(fis, response.getOutputStream());
            response.flushBuffer();
        } catch (IOException e) {
            e.printStackTrace();
        }
    }
```

getParameterMap 函数可以获取传递来的参数，我们从中取出 name 参数作为文件名，然后直接打开 files 目录下对应的文件并返回即可。

重新运行项目，点击下载文件按钮，会看到对应的文件被下载。

三、上传文件

在 ApiController 中增加注册函数，响应 /uploadFileAction 的上传请求：

```
@RequestMapping(value = "/uploadFileAction")
public String uploadFileAction(@RequestParam MultipartFile uploadFile) {
    try {
        InputStream fis = uploadFile.getInputStream();
        OutputStream outputStream = new FileOutputStream(uploadFile.getOriginalFilename());
        IOUtils.copy(fis,outputStream);
        return "上传成功";
    } catch (IOException e) {
        e.printStackTrace();
    }
    return "上传失败";
}
```

函数的参数类型为 MultipartFile，是因为我们在页面上传时，指定了提交类型为“multipart/form-data”：

```
<form action="/api/uploadFileAction" method="post" enctype="multipart/form-data">
    <input type="file" name="uploadFile">
    <input type="submit" value="提交">
</form>
```

重新启动项目，点击选择文件，选择文件后点击提交，可以看到文件被提交成功，我们可以在页面的文件列表中看到我们新上传的文件。

第八节　发送邮件

作为一个管理后台，系统经常会有一些信息需要自动发送给相关用户。例如，用户可以通过注册邮箱找回自己的密码。因此，邮件发送的功能是必不可少的。

发送邮件

最初 Sun 公司提供了 JavaMail 用来实现邮件发送，但是配置烦琐。后来 Spring 提供了 JavaMailSender 用来简化邮件配置，而 Spring Boot 则提供了 MailSenderAutoConfiguration，对邮件的发送做了进一步简化。

这里我们使用 QQ 邮箱来演示邮件的发送，首先要申请开通 POP3/SMTP 服务或 IMAP/SMTP 服务。登录 QQ 邮箱，单击顶部的“设置 /”按钮，在账户标签中找到 POP3/SMTP 设置，点击开启，如图 8-21 所示。

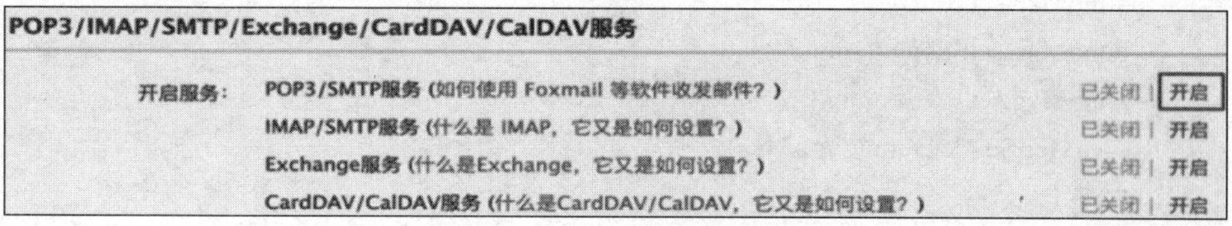

图 8-21　QQ 邮箱配置页面

接着按照引导步骤发送短信，操作成功后，会获取一个授权码，将授权码保存下来，后面需要使用。

一、环境配置

首先编辑项目的 pom.xml 文件，添加邮件依赖：

```
<dependency>
    <groupId>org.springframework.boot</groupId>
    <artifactId>spring-boot-starter-mail</artifactId>
</dependency>
```

接着在 application.properties 中配置邮件的基本信息：

```
# 配置邮件服务器的地址
spring.mail.host=smtp.qq.com
# 配置邮件服务器的端口（465 或 587）
spring.mail.port=465
# 配置用户的账号 ( 即用户的 QQ 邮箱 )
spring.mail.username=123@qq.com
# 配置用户的密码（即上面我们申请到的授权码）
spring.mail.password=qgczjydhuqytabcd
# 配置默认编码
spring.mail.default-encoding=UTF-8
# SSL 连接配置
spring.mail.properties.mail.smtp.socketFactory.class=javax.net.ssl.SSLSocketFactory
# 开启 debug，这样方便开发者查看邮件发送日志
spring.mail.properties.mail.debug=true
```

二、编写代码

在 service 下新建 MailService 类，用来提供邮件服务。

```
@Service
public class MailService {
    @Autowired
    JavaMailSender javaMailSender;
    // 方法的 4 个参数分别表示：邮件发送者、收件人、邮件主题以及邮件内容
    public void sendSimpleMail(String from, String to, String subject, String content) {
        SimpleMailMessage simpMsg = new SimpleMailMessage();
        simpMsg.setFrom(from);
        simpMsg.setTo(to);
        simpMsg.setSubject(subject);
        simpMsg.setText(content);
        javaMailSender.send(simpMsg);
    }
}
```

在 page 目录下新建 main.jsp 文件，开发页面如图 8-22 所示。

图 8-22　发送邮件页面

点击发送时，调用 /api/sendMail 接口提交表单。因此我们在 ApiController 新增 sendmail 方法响应接口：

```
    @RequestMapping(value = "/sendmail")
    public HashMap<String, Object> sendMail(@RequestParam String from, @RequestParam String to,@
RequestParam String content, @RequestParam String subject) {
        HashMap<String, Object> res = new HashMap<>();
        try {
```

```
            mailService.sendSimpleMail(from,to,subject,content);
            res.put("data", "发送成功！ ");
            res.put("code", 0);
        } catch (Exception e) {
            res.put("data", e.getMessage());
            res.put("code", -1);
        }
        return res;
    }
```

这里我们使用了 mailService，所以在使用前，我们需要先初始化 mailService 变量。因为 MailService 是一个服务，所以我们直接用 @Autowired 注入就可以了，在 ApiController 中添加如下定义：

```
@Autowired
MailService mailService;
```

重启系统，在页面填写对应内容后，点击发送，我们就可以在收件箱看到邮件。

第九节　绘制图表

在开发网站的过程中，会有各种统计报表数据，使用图形化的方式能够更加直观地展示数据，我们一般采用 ECharts 库来实现此功能。

绘制图表

ECharts 是由百度开源的纯 Javascript 图表库，支持折线图（区域图）、柱状图（条状图）、散点图（气泡图）、K 线图、饼图（环形图）、雷达图（填充雷达图）、和弦图、地图、仪表盘、漏斗图、事件河流图等 11 类图表，同时提供标题、详情气泡、图例、值域、数据区域、时间轴、工具箱等 7 个可交互组件，支持多图表、组件的联动和混搭展现。

首先我们需要下载 ECharts 库，可以在 ECharts 官网上下载对应的库，也可以使用本书中代码提供的 echarts.min.js 文件。将 echarts.min.js 放入 js 目录，在 page 目录下新建 chart.jsp 文件，在 chart.jsp 中引入 echarts.min.js。

```
<head>
<title> 充电桩运营平台 </title>
<script charset="utf-8" type="text/javascript" src="/js/echarts.min.js"></script>
</head>
```

在绘图前我们需要为 ECharts 准备一个具备高宽的 DOM 容器。

```
<body>
    <!-- 为 ECharts 准备一个具备大小（宽高）的 DOM -->
    <div id="main" style="width: 600px;height:400px;"></div>
</body>
```

然后就可以通过 echarts.init 方法初始化一个 ECharts 实例并通过 setOption 方法生成一

个简单的柱状图。下面是完整代码：

```
<!DOCTYPE html>
<html>
<head>
    <meta charset="utf-8">
    <title>ECharts</title>
    <!-- 引入 echarts.js -->
    <script src="echarts.min.js"></script>
</head>
<body>
    <!-- 为 ECharts 准备一个具备大小（宽高）的 Dom -->
    <div id="main" style="width: 600px;height:400px;"></div>
    <script type="text/javascript">
        // 基于准备好的 Dom，初始化 echarts 实例
        var myChart = echarts.init(document.getElementById('main'));
        // 指定图表的配置项和数据
        var option = {
            title: {
                text: "ECharts 入门示例"
            },
            tooltip: {},
            legend: {
                data:["销量"]
            },
            xAxis: {
                data: ["衬衫","羊毛衫","雪纺衫","裤子","高跟鞋","袜子"]
            },
            yAxis: {},
            series: [{
                name: "销量",
                type: "bar",
                data: [5, 20, 36, 10, 10, 20]
            }]
        };
        // 使用刚指定的配置项和数据显示图表。
        myChart.setOption(option);
    </script>
</body>
</html>
```

这样图表就诞生了，如图 8-23 所示。

参考官网的示例代码，用户可以通过简单的配置生成几百种表格，如图 8-24 所示。

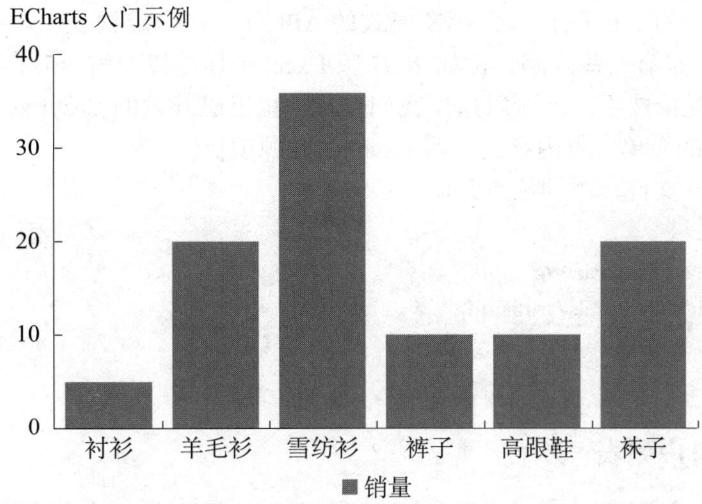

图 8-23　图表页面

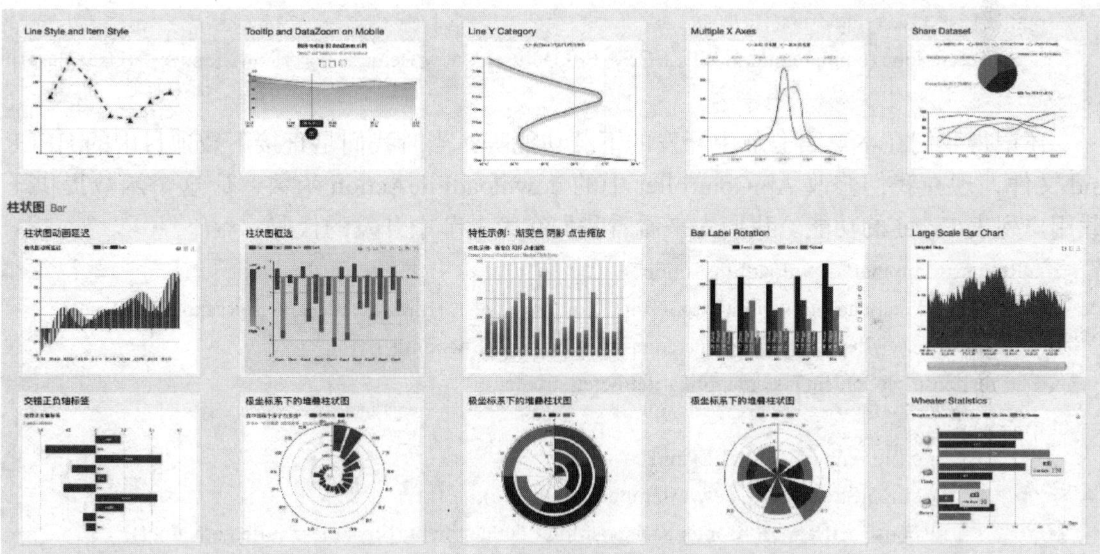

图 8-24　ECharts 图表样式

第十节　导出 Excel

导出 Excel 同样是网站常用的功能。比如我们现在需要将我们系统中创建的所有用户导出为 Excel，那么我们就需要一个生成 Excel 的功能。

一、引入依赖

Java 解析、生成 Excel 比较有名的框架有 Apache poi、jxl。但它们都存在一个严重的问题就是非常耗内存，poi 有一套 SAX 模式的 API 可以在一定程度上解决一些内存溢出的问题，但 poi 还是有一些缺陷，比如 2007 版 Excel 解压缩以及解压后存储都是在内存中完成的，内存消耗依然很大。所以这里我们选择阿里巴巴开发的 EasyExcel 库，EasyExcel 是一个基于 Java 的简单、省内存的读写 Excel 的开源项目。

打开 pom.xml 文件，添加依赖并同步：

```
<dependency>
        <groupId>com.alibaba</groupId>
        <artifactId>easyexcel</artifactId>
        <version>2.1.6</version>
 </dependency>
```

二、获取用户列表

因为我们要将用户列表导出为 Excel，所以我们先要提供一个获取用户列表的接口，在 UserService 类中添加 getUsers 接口：

```
public List<User> getUsers() {
        return jdbcTemplate.query("SELECT * FROM user", new BeanPropertyRowMapper<>(User.class));
}
```

还记得我们在本章第七节中开发的下载功能吗？当时我们是直接下载项目中的 HELP.md 文件，现在我们修改 ApiController 中的 downloadFileAction 函数，让这个函数提供下载用户列表 Excel 的功能。我们先来看看我们在第七节中开发的代码：

```
@RequestMapping("downloadFileAction")
public void downloadFileAction(HttpServletRequest request, HttpServletResponse response) {
      response.setCharacterEncoding(request.getCharacterEncoding());
      response.setContentType("application/octet-stream");
      try {
            File file = new File("HELP.md");
            FileInputStream fis = new FileInputStream(file);
            response.setHeader("Content-Disposition", "attachment; filename="+file.getName());
            IOUtils.copy(fis,response.getOutputStream());
            response.flushBuffer();
      } catch (FileNotFoundException e) {
            e.printStackTrace();
      } catch (IOException e) {
            e.printStackTrace();
      }
}
```

我们需要做的，只是将 File file = new File("HELP.md") 换成生成的文件。

三、生成文件

使用 EasyExcel 生成 Excel 十分简单，下面只使用一行代码就可以实现该功能：

```
EasyExcel.write("users.xlsx", User.class).sheet("用户列表").doWrite(userService.getUsers());
```

现在拆解并解释这行代码：

```
EasyExcel.write("users.xlsx", User.class)
```

我们先使用 EasyExcel 的 write 函数指定生成的文件名为 users.xlsx，同时指定要导出的列表对应的类为 User 类。

```
sheet("用户列表")
```

sheet 函数指定 Excel 中创建的 sheet 名称为用户列表。

```
doWrite(userService.getUsers())
```

doWrite 函数执行真正的 Excel 创建工作，它接收一个参数，参数为需要转化为 Excel 的列表数据。我们这里调用 userService.getUsers() 函数将取到的用户列表作为参数。

我们修改 downloadFileAction 如下：

```
@RequestMapping("downloadFileAction")
public void downloadFileAction(HttpServletRequest request, HttpServletResponse response) {
        response.setCharacterEncoding(request.getCharacterEncoding());
        response.setContentType("application/octet-stream");
        try {
            String fileName = "users.xlsx";
            EasyExcel.write(fileName, User.class).sheet("用户列表").doWrite(userService.getUsers());
            File file = new File(fileName);
            FileInputStream fis = new FileInputStream(file);
            response.setHeader("Content-Disposition", "attachment; filename=" + file.getName());
            IOUtils.copy(fis, response.getOutputStream());
            response.flushBuffer();
        } catch (FileNotFoundException e) {
            e.printStackTrace();
        } catch (IOException e) {
            e.printStackTrace();
        }
}
```

启动项目，打开 http://localhost:8080/upload，点击下载文件。我们可以看到 users.xlsx 被下载。打开文件，我们看到导出了我们之前创建的用户列表，如图 8-25 所示。

图 8-25　导出的 Excel

小　结

通过本章的学习，我们依次介绍了如何将用户在浏览器的请求映射到 jsp 页面中，如何将页面中的 ajax 请求传递到后台 java 代码中，如何通过 JDBC 对数据库进行增删改查操作，如何进行文件的上传下载，如何通过代码发送邮件、绘制图表以及导出 Excel。总之通过本章的学习，我们掌握了使用 Spring 进行 Java Web 开发的全部基础知识。后续的开发我们可以遵照以下顺序进行：根据业务需求设计数据库表，根据显示需要在 page 页面新建 jsp 文件，通过 html 编写用户页面，将用户在页面上的操作通过 ajax 提交到 controller，在 controller 中新增函数响应用户的特定请求，在对应的 service 中编写业务逻辑，可以使用 JDBC 对数据库表进行增删改查操作，将执行结果返回给 controller，并由 controller 返回给页面。jsp 页面根据后台返回的数据进行相关操作（显示、跳转或提示用户等）。按照这个步骤，我们可以继续开发充电站管理、用户管理、会员管理、财务管理、站长管理等一系列功能，最终达到如图 8-26 和图 8-27 所示的效果。

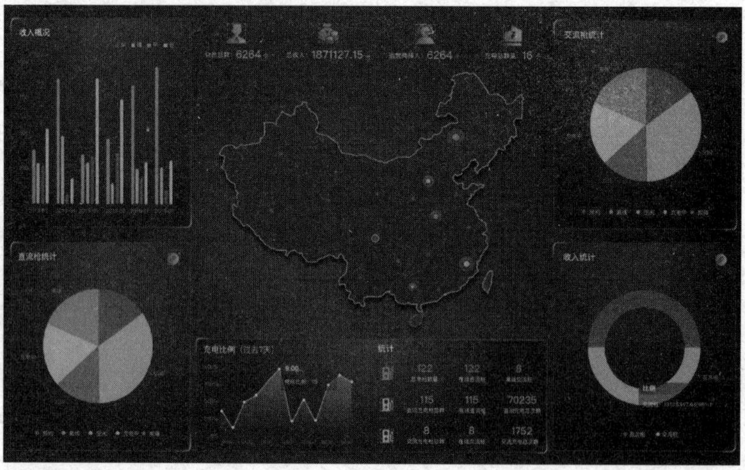

图 8-26　完整的管理系统 1

图 8-27　完整的管理系统 2

习　题

1．为用户增加上次登录时间、登录次数属性，在每次用户登录后记录。为用户增加姓名属性，要求注册时填入。

2．为用户增加邮箱属性，要求注册时填入。在注册时，检查邮箱未被使用，如已经被使用，则报错提醒用户。

3．在登录页面增加找回密码功能。点击找回密码，跳转到新页面，用户输入自己的邮箱后，系统将用户名和密码发送到用户的邮箱。

4．参考本章第七节文件列表代码，自己实现一个用户列表的页面，展示每个用户的用户名、姓名、邮箱、上次登录时间、登录次数。增加查询输入框，可以根据姓名筛选用户列表。效果如图 8-28 所示。

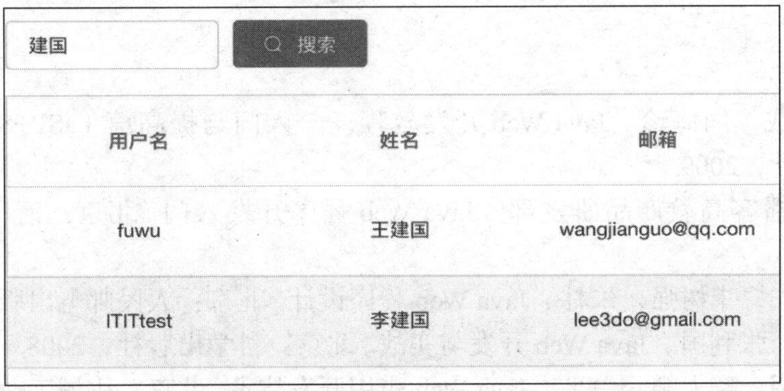

图 8-28　完整的管理系统效果

5．为文件列表增加删除文件的功能：在文件列表表格增加删除按钮，点击按钮，系统将对应文件删除。

6．使用 ECharts，绘制用户登录次数柱形图，*X* 轴为用户名，*Y* 轴为每个用户的登录次数。

7．自学 EasyExcel 的文件读取功能，为用户列表增加导入功能。用户可上传一个包含用户名、密码、邮箱的 Excel，系统自动将 Excel 中的用户列表导入系统。

参考文献

［1］李绪成，闫海珍．Java Web 开发教程——入门与提高篇（JSP+Servlet）. 北京：清华大学出版社，2009.

［2］传智播客高教产品研发部．Java Web 程序开发入门．北京：清华大学出版社，2015.

［3］梁永先，李树强，朱林．Java Web 程序设计．北京：人民邮电出版社，2016.

［4］刘伟，张利国．Java Web 开发与实战．北京：科学出版社，2008.

［5］任文娟，柴大鹏，白平．Java Web 应用开发技术．北京：机械工业出版社，2016.

图书在版编目（CIP）数据

Java Web 应用程序设计立体化教程 / 李芳玲，蔡霖，李林主编. －－ 北京 ：中国人民大学出版社，2021.2
全国高职高专计算机系列精品教材
ISBN 978-7-300-28907-6

Ⅰ.①J… Ⅱ.①李… ②蔡… ③李… Ⅲ.①JAVA 语言－程序设计－高等职业教育－教材 Ⅳ.①TP312.8

中国版本图书馆 CIP 数据核字（2021）第 010976 号

全国高职高专计算机系列精品教材
Java Web 应用程序设计立体化教程
主　编　李芳玲　蔡　霖　李　林
副主编　王同娟　仝素梅　郭　娟　边振兴
参　编　蔡媛媛　张　远　程　灿
Java Web Yingyong Chengxu Sheji Litihua Jiaocheng

出版发行	中国人民大学出版社		
社　址	北京中关村大街 31 号	邮政编码	100080
电　话	010－62511242（总编室）		010－62511770（质管部）
	010－82501766（邮购部）		010－62514148（门市部）
	010－62515195（发行公司）		010－62515275（盗版举报）
网　址	http://www.crup.com.cn		
经　销	新华书店		
印　刷	北京七色印务有限公司		
规　格	185mm×260mm　16 开本	版　次	2021 年 2 月第 1 版
印　张	13.5　插页 1	印　次	2021 年 2 月第 1 次印刷
字　数	313 000	定　价	35.00 元

信息反馈表

尊敬的老师：

您好！为了更好地为您的教学、科研服务，我们希望通过这张反馈表来获取您更多的建议和意见，以进一步完善我们的工作。

请您填好下表后以电子邮件、信件或传真的形式反馈给我们，十分感谢！

一、您使用的我社教材情况

您使用的我社教材名称			
您所讲授的课程		学生人数	
您希望获得哪些相关教学资源			
您对本书有哪些建议			

二、您目前使用的教材及计划编写的教材

您目前使用的教材	书名	作者	出版社
您计划编写的教材	书名	预计交稿时间	本校开课学生数量

三、请留下您的联系方式，以便我们为您赠送样书（限1本）

您的通信地址			
您的姓名		联系电话	
电子邮箱（必填）			

我们的联系方式：

地　址：苏州工业园区仁爱路158号中国人民大学苏州校区修远楼

电　话：0512-68839320　　传　真：0512-68839316

网　址：www.crup.com.cn　　邮　编：215123